Produkcja słodkich ziemniaków o pomarańczowym miąższu (OFSP) w Nigerii:

Jude Teryima Nyor
Jude A. Mbanasor
Orfoh Jacob Torkuma

Produkcja słodkich ziemniaków o pomarańczowym miąższu (OFSP) w Nigerii:

Kompleksowy przewodnik

ScienciaScripts

Imprint

Any brand names and product names mentioned in this book are subject to trademark, brand or patent protection and are trademarks or registered trademarks of their respective holders. The use of brand names, product names, common names, trade names, product descriptions etc. even without a particular marking in this work is in no way to be construed to mean that such names may be regarded as unrestricted in respect of trademark and brand protection legislation and could thus be used by anyone.

Cover image: www.ingimage.com

This book is a translation from the original published under ISBN 978-620-8-11831-0.

Publisher:
Sciencia Scripts
is a trademark of
Dodo Books Indian Ocean Ltd. and OmniScriptum S.R.L publishing group

120 High Road, East Finchley, London, N2 9ED, United Kingdom
Str. Armeneasca 28/1, office 1, Chisinau MD-2012, Republic of Moldova, Europe

ISBN: 978-620-3-28816-2

Copyright © Jude Teryima Nyor, Jude A. Mbanasor, Orfoh Jacob Torkuma
Copyright © 2024 Dodo Books Indian Ocean Ltd. and OmniScriptum S.R.L publishing group

Zawartość

Przegląd

Ten kompleksowy przewodnik ma na celu wyposażenie rolników, pracowników zajmujących się rozszerzaniem działalności rolniczej, decydentów politycznych i naukowców w wiedzę i narzędzia niezbędne do maksymalizacji korzyści płynących z produkcji OFSP i przyczynienia się do bezpieczeństwa żywnościowego i rozwoju gospodarczego w Nigerii. Kompleksowy przewodnik ma również stanowić wszechstronne źródło informacji dla różnych zainteresowanych stron zaangażowanych w uprawę, zarządzanie i komercjalizację słodkich ziemniaków o pomarańczowym miąższu (OFSP) w Nigerii. Przewodnik ten zapewni gospodarstwom domowym i rolnikom komercyjnym praktyczną wiedzę na temat sadzenia OFSP w domu lub w gospodarstwie. Jest łatwy do zrozumienia dla każdego, kto chce sadzić OFSP o każdej porze roku i w dowolnym miejscu w Nigerii. Osoby planujące posiłki w gospodarstwach domowych i przetwórcy wiejscy mogą łatwo uzyskać dostęp do informacji na temat dodawania wartości, przetwarzania i wykorzystania słodkich ziemniaków o pomarańczowym miąższu (OFSP) w celu zwiększenia bezpieczeństwa żywnościowego i żywieniowego, co ostatecznie zwiększy ich źródła utrzymania.

Słowa kluczowe: Słodkie ziemniaki o pomarańczowym miąższu (OFSP), bezpieczeństwo żywnościowe, bezpieczeństwo żywieniowe, wartość dodana, źródła utrzymania.

ROZDZIAŁ 1

WPROWADZENIE

1.1. Przegląd słodkich ziemniaków o pomarańczowym miąższu (OFSP)

Słodki ziemniak o pomarańczowym miąższu (OFSP) to odmiana słodkiego ziemniaka, która zyskała znaczną uwagę ze względu na wysoką zawartość beta-karotenu, prekursora witaminy A. W przeciwieństwie do popularnych odmian słodkich ziemniaków o białym lub fioletowym miąższu, OFSP ma wyraźny pomarańczowy kolor ze względu na bogate stężenie karotenoidów, zwłaszcza beta-karotenu, który odgrywa kluczową rolę w zwalczaniu niedoboru witaminy A (VAD) w wielu częściach świata, zwłaszcza w Afryce Subsaharyjskiej i Azji.

Niedobór witaminy A jest głównym problemem zdrowia publicznego, szczególnie w krajach rozwijających się, gdzie jest główną przyczyną możliwej do uniknięcia ślepoty u dzieci i zwiększa ryzyko chorób i śmierci z powodu ciężkich infekcji. OFSP jest powszechnie uznawana za biofortyfikowaną roślinę uprawną z potencjałem poprawy wyników żywieniowych dla wrażliwych populacji (Low i in., 2007).

Globalny popyt na OFSP rośnie, napędzany zwiększoną świadomością jego korzyści zdrowotnych i jego wszechstronności w różnych produktach spożywczych. Badania przeprowadzone przez Bouis i Islam (2012) podkreśliły rosnący rynek biofortyfikowanych upraw, takich jak OFSP, które są coraz częściej postrzegane jako rozwiązanie niedoborów mikroelementów.

1.2. Znaczenie OFSP w Nigerii

1.2.1. Przeciwdziałanie niedoborowi witaminy A (VAD)

Jedną z najważniejszych ról słodkiego ziemniaka o pomarańczowym miąższu (OFSP) w Nigerii jest jego wkład w zwalczanie niedoboru witaminy A (VAD), który jest istotnym problemem zdrowia publicznego, szczególnie wśród dzieci i kobiet w ciąży. Niedobór witaminy A prowadzi do różnych komplikacji zdrowotnych, w tym upośledzenia wzroku, osłabienia odpowiedzi immunologicznej, a w ciężkich przypadkach do ślepoty i śmierci. W Nigerii, gdzie wiele osób polega na podstawowych produktach spożywczych o niskiej zawartości niezbędnych mikroelementów, OFSP stanowi lokalnie dostępne, niedrogie i bogate źródło beta-karotenu, prekursora witaminy A (Low i in., 2007).

Badania wykazały, że regularne spożywanie OFSP może znacznie poprawić spożycie witaminy A. Według Międzynarodowego Centrum Ziemniaczanego (CIP) (2018), wprowadzenie OFSP do diety dzieci i kobiet w ciąży skutecznie zwiększa poziom retinolu w surowicy, co poprawia ich wyniki zdrowotne (Carey i in., 2019). Ta biofortyfikowana uprawa jest zatem kluczowym narzędziem do zmniejszania niedożywienia i poprawy zdrowia publicznego w Nigerii.

1.2.2. Zwiększanie bezpieczeństwa żywnościowego

Bezpieczeństwo żywnościowe pozostaje pilnym wyzwaniem w Nigerii, gdzie wiele populacji wiejskich polega na rolnictwie na własne potrzeby. OFSP odgrywa istotną rolę w tym kontekście ze względu na swoją odporność, zdolność adaptacji do różnych stref agroekologicznych i stosunkowo krótki cykl wzrostu wynoszący 3-4 miesiące. Roślina ta może rosnąć w regionach podatnych na suszę i słabą żyzność gleby, co czyni ją niezawodnym źródłem żywności, zwłaszcza na obszarach dotkniętych zmianami klimatycznymi.

Uprawiając OFSP, rolnicy mogą zapewnić swoim rodzinom stałe dostawy żywności, a nadwyżki produkcji dają możliwość generowania dochodów. Wszechstronność uprawy, która może być gotowana, smażona, pieczona lub przetwarzana na różne produkty, takie jak mąka i chipsy, sprawia, że jest to podstawowa żywność, która znacząco przyczynia się do bezpieczeństwa żywnościowego gospodarstw domowych (Gibson i in., 2009).

1.2.3. Wzmocnienie pozycji ekonomicznej i generowanie dochodu

OFSP zapewnia wiele możliwości generowania dochodów, szczególnie dla drobnych rolników i kobiet w Nigerii. Rosnąca popularność uprawy na rynkach miejskich i wiejskich, napędzana rosnącą świadomością jej korzyści odżywczych, zwiększyła popyt rynkowy zarówno na świeże bulwy, jak i przetworzone produkty OFSP. Popyt ten otworzył przed drobnymi rolnikami możliwości uczestnictwa

3

w łańcuchach wartości, które wcześniej były niedostępne.

Przetwarzanie OFSP może tworzyć szereg produktów o wartości dodanej, takich jak puree, chleb, ciasta i chipsy, które nie tylko zaspokajają lokalne potrzeby, ale także stanowią potencjał dla rynków eksportowych. Ponieważ Nigeria dąży do dywersyfikacji swojego sektora rolnego i poprawy warunków życia ludności wiejskiej, rozwój łańcuchów wartości OFSP oferuje realną drogę do wzmocnienia pozycji ekonomicznej. Kobiety, które stanowią znaczną część nigeryjskiej siły roboczej w rolnictwie, szczególnie korzystają z tych możliwości, ponieważ często są zaangażowane w przetwarzanie i sprzedaż produktów OFSP (Mwanga i in., 2017).

1.2.4. Wkład w odporność na zmiany klimatu

Zmiany klimatyczne stanowią coraz większe zagrożenie dla rolnictwa w Nigerii, a nieprzewidywalne wzorce opadów i rosnące temperatury wpływają na plony. OFSP jest uważana za uprawę odporną na zmiany klimatu ze względu na jej zdolność do rozwoju w warunkach suszy i słabych gleb, co czyni ją odpowiednią opcją dla rolników w regionach borykających się z trudnymi warunkami klimatycznymi. Zdolności adaptacyjne tej rośliny zmniejszają ryzyko nieurodzaju, zapewniając bufor dla społeczności rolniczych, które są podatne na skutki zmian klimatycznych (Andrade i in., 2009).

Ponadto OFSP przyczynia się do zrównoważonych praktyk rolniczych, ponieważ nadaje się do płodozmianu i systemów międzyplonów. Praktyki te pomagają utrzymać żyzność gleby, zmniejszyć presję szkodników i chorób oraz poprawić ogólną stabilność systemów rolniczych. W rezultacie OFSP może odgrywać kluczową rolę w zwiększaniu odporności nigeryjskich systemów rolniczych na zmiany klimatu.

1.2.5. OFSP w krajowych programach żywieniowych i zdrowotnych

Rząd Nigerii i różne organizacje międzynarodowe dostrzegły potencjał OFSP w poprawie wyników żywieniowych i zdrowotnych. W ramach krajowych programów żywieniowych, OFSP został włączony do strategii mających na celu zmniejszenie niedożywienia, szczególnie wśród dzieci poniżej piątego roku życia i kobiet w ciąży. Inicjatywy prowadzone przez Międzynarodowe Centrum Ziemniaka (CIP), HarvestPlus oraz Fundację Billa i Melindy Gatesów promowały szerokie rozpowszechnianie winorośli OFSP wśród rolników w całej Nigerii (Low i in., 2017).

Programy te obejmują również edukację na temat znaczenia włączenia OFSP do codziennej diety oraz szkolenia w zakresie praktyk agronomicznych w celu maksymalizacji plonów. W połączeniu z innymi biofortyfikowanymi uprawami, takimi jak kukurydza i maniok, OFSP stanowi kluczową część szerszej strategii Nigerii mającej na celu zwalczanie niedoborów mikroelementów i poprawę ogólnego stanu zdrowia populacji.

1.2.6. Potencjał rynkowy i możliwości eksportowe

Rosnący globalny popyt na pożywną i zdrową żywność sprawił, że OFSP stała się cenną rośliną uprawną na rynkach eksportowych. Nigeria ma potencjał, aby stać się głównym dostawcą produktów OFSP, nie tylko w Afryce, ale także na rynkach międzynarodowych, gdzie rośnie popyt na superfoods. Rozwój łańcuchów wartości, które wspierają produkcję, przetwarzanie i marketing OFSP, może odblokować możliwości eksportowe, które przyczynią się do wzrostu gospodarczego kraju.

Ponadto produkty z OFSP, takie jak mąka, puree i chipsy, mogą przyciągnąć uwagę przemysłu spożywczego i napojów, zarówno lokalnego, jak i międzynarodowego. W miarę jak konsumenci stają się coraz bardziej świadomi kwestii zdrowotnych, produkty pochodzące z OFSP mogą znaleźć niszowe rynki w produkcji żywności dla niemowląt, przekąsek i wzbogaconych produktów spożywczych (Carey i in., 2019).

1.2.7. Wzmacnianie integracji społecznej i równouprawnienia płci

OFSP ma potencjał do wzmocnienia integracji społecznej i wzmocnienia pozycji płci w sektorze rolnym Nigerii. Kobiety, które tradycyjnie są odpowiedzialne za przygotowywanie żywności i marketing w wielu społecznościach wiejskich, mogą skorzystać z możliwości dodawania wartości do upraw. Angażując się w uprawę, przetwarzanie i marketing OFSP, kobiety mogą poprawić swoje dochody i wzmocnić swoją rolę w podejmowaniu decyzji w gospodarstwie domowym.

Ponadto, organizacje pozarządowe i rozwojowe skupiły się na wzmocnieniu pozycji kobiet poprzez zapewnienie szkoleń i dostępu do zasobów niezbędnych do produkcji i przetwarzania OFSP. Inicjatywy te pomagają zmniejszyć nierówności płci w rolnictwie, poprawić odżywianie rodziny i stworzyć możliwości niezależności ekonomicznej wśród kobiet na obszarach wiejskich (Mwanga i in., 2017).

1.3. Korzyści odżywcze i zdrowotne OFSP

Najważniejszą zaletą odżywczą OFSP jest bogata zawartość beta-karotenu. Betakaroten jest przekształcany w ludzkim organizmie w witaminę A, która jest niezbędna do utrzymania zdrowego wzroku, funkcji odpornościowych i zdrowia skóry. Według Organizacji Narodów Zjednoczonych do spraw Wyżywienia i Rolnictwa (FAO) (2016), 100 gramów OFSP może dostarczyć wystarczającą ilość beta-karotenu, aby zaspokoić do 35-90% zalecanego dziennego spożycia witaminy A dla dzieci. Oprócz witaminy A, OFSP zawiera niezbędne składniki odżywcze, takie jak błonnik pokarmowy, potas oraz witaminy B6 i C, które przyczyniają się do ogólnego stanu zdrowia i dobrego samopoczucia.

W porównaniu z innymi uprawami, OFSP ma stosunkowo niski indeks glikemiczny, dzięki czemu jest odpowiedni dla osób z cukrzycą lub osób zagrożonych rozwojem tego schorzenia (Karanja i in., 2017). Zawiera również przeciwutleniacze, które pomagają zapobiegać uszkodzeniom komórek i zmniejszają ryzyko chorób przewlekłych, takich jak choroby serca i rak.

1.4. Rola OFSP w zwalczaniu niedoboru witaminy A

1.4.1. Wprowadzenie do niedoboru witaminy A (VAD)

Niedobór witaminy A (VAD) jest powszechnym problemem zdrowia publicznego, szczególnie w krajach o niskim i średnim dochodzie, w tym w Nigerii. Jest on najbardziej rozpowszechniony wśród małych dzieci i kobiet w ciąży, prowadząc do poważnych konsekwencji zdrowotnych, takich jak zaburzenia widzenia, zwiększone ryzyko infekcji, a w skrajnych przypadkach ślepota i śmierć. Według Światowej Organizacji Zdrowia (WHO) (2012), VAD jest główną przyczyną ślepoty u dzieci, której można zapobiec, i znacząco przyczynia się do śmiertelności dzieci ze względu na rolę, jaką odgrywa w osłabianiu układu odpornościowego (WHO, 2012).

W Nigerii, gdzie wiele osób polega na podstawowych produktach spożywczych o niskiej zawartości witaminy A, VAD pozostaje krytycznym wyzwaniem. Wysiłki mające na celu zwalczanie tego problemu obejmują dywersyfikację diety, fortyfikację żywności i programy suplementacji. Jednak biofortyfikacja upraw, takich jak słodki ziemniak o pomarańczowym miąższu (OFSP), okazała się zrównoważonym i skutecznym rozwiązaniem poprawiającym spożycie witaminy A wśród wrażliwych populacji.

1.4.2. OFSP jako bogate źródło beta-karotenu

OFSP jest wyjątkowy wśród odmian słodkich ziemniaków ze względu na wysoką zawartość beta-karotenu, prekursora witaminy A. Beta-karoten, związek odpowiedzialny za pomarańczowy kolor OFSP, jest przekształcany w witaminę A po spożyciu. Badania wykazały, że regularne spożywanie OFSP może znacząco poprawić poziom witaminy A zarówno u dzieci, jak i dorosłych (Low i in., 2007).

Poziom beta-karotenu w OFSP jest znacznie wyższy niż w białych lub fioletowych słodkich ziemniakach. Na przykład, 100 gramów gotowanych OFSP może dostarczyć do 35-90% zalecanego dziennego spożycia witaminy A dla dzieci, w zależności od konkretnej odmiany i zastosowanej metody gotowania (Carey i in., 2019). Sprawia to, że OFSP jest skuteczną interwencją dietetyczną na obszarach, na których występuje VAD.

1.4.3. OFSP w programach i interwencjach żywieniowych

W ostatnich latach OFSP został włączony do różnych programów żywieniowych mających na celu zmniejszenie VAD, szczególnie w Afryce Subsaharyjskiej, gdzie był promowany jako uprawa biofortyfikowana. W Nigerii wysiłki te były prowadzone przez organizacje takie jak Międzynarodowe Centrum Ziemniaka (CIP), HarvestPlus oraz Fundacja Billa i Melindy Gatesów. Organizacje te ściśle współpracują z rządem Nigerii w celu promowania uprawy OFSP, poprawy dostępu do materiałów nasadzeniowych i edukowania społeczności na temat korzyści płynących ze spożywania OFSP (Low i in., 2017).

Edukacja żywieniowa jest kluczowym elementem tych interwencji. Gospodarstwa domowe uczą się, jak uprawiać, gotować i włączać OFSP do swojej diety. Doprowadziło to do wzrostu spożycia OFSP, szczególnie wśród dzieci i kobiet w wieku rozrodczym, które są najbardziej narażone na VAD. Badania wykazały, że włączenie OFSP do diety tych grup poprawia stężenie retinolu w surowicy, wskaźnik statusu witaminy A (Low i in., 2015).

1.4.4. Wpływ na wyniki w zakresie zdrowia publicznego

Wprowadzenie OFSP do diety populacji dotkniętych VAD miało wymierny wpływ na wyniki w zakresie zdrowia publicznego. Przełomowe badanie przeprowadzone w Mozambiku wykazało, że regularne spożywanie OFSP zwiększyło spożycie witaminy A i poprawiło status witaminy A wśród małych dzieci (Low i in., 2007). Podobne wyniki zaobserwowano w innych krajach, w tym w Ugandzie i Nigerii, gdzie OFSP jest zintegrowany z krajowymi programami żywieniowymi.

W Nigerii, gdzie VAD dotyka około 30% dzieci w wieku poniżej pięciu lat (National Demographic Health Survey, 2018), zwiększenie interwencji OFSP może potencjalnie znacznie zmniejszyć częstość występowania niedoboru witaminy A. Zapewniając lokalnie uprawiane, niedrogie źródło witaminy A, OFSP pomaga zmniejszyć zależność od zewnętrznych programów suplementacji, które mogą być kosztowne i trudne do utrzymania w dłuższej perspektywie.

1.4.5. OFSP jako zrównoważone rozwiązanie

OFSP oferuje zrównoważone rozwiązanie dla VAD w Nigerii. Jako roślina biofortyfikowana, może być uprawiana lokalnie przez drobnych rolników w różnych strefach agroekologicznych, dzięki czemu jest dostępna dla społeczności wiejskich najbardziej dotkniętych VAD. Ponadto OFSP jest odporny na suszę i ma krótki cykl wzrostu, dzięki czemu nadaje się do regionów dotkniętych zmianami klimatycznymi i brakiem bezpieczeństwa żywnościowego (Andrade i in., 2009).

Ponieważ OFSP jest zintegrowany z tradycyjnymi systemami żywnościowymi, jest zgodny z lokalnymi nawykami i preferencjami żywieniowymi, co ułatwia jego przyjęcie. Integracja ta zapewnia, że rozwiązanie jest kulturowo odpowiednie i zrównoważone w perspektywie długoterminowej, w porównaniu z importowanymi suplementami lub wzbogaconą żywnością.

1.4.6. Polityka i rzecznictwo na rzecz promocji OFSP

Rząd Nigerii, we współpracy z organizacjami międzynarodowymi, dostrzegł potencjał OFSP w walce z VAD. Za pośrednictwem Ministerstwa Rolnictwa i Rozwoju Obszarów Wiejskich rząd uruchomił programy mające na celu dystrybucję materiałów do sadzenia OFSP wśród rolników, szkolenie pracowników pomocniczych i podnoszenie świadomości na temat korzyści odżywczych tej uprawy (Low i in., 2017).

Dodatkowo, wysiłki rzecznicze skupiły się na zwiększeniu widoczności OFSP w krajowych politykach żywieniowych. Podkreślając rolę tej rośliny w poprawie zdrowia publicznego, zachęca się decydentów do wspierania jej włączenia do strategii rozwoju rolnictwa i programów żywieniowych. Zapewnia to, że OFSP nadal odgrywa kluczową rolę w zwalczaniu VAD w kraju.

1.5. Cel i założenia przewodnika

Cel:

Kompleksowy przewodnik po produkcji słodkich ziemniaków o miąższu pomarańczowym (OFSP) w Nigerii ma służyć jako źródło informacji i praktycznych informacji dla rolników, pracowników zajmujących się rozszerzaniem działalności rolniczej, decydentów, badaczy i innych zainteresowanych stron zaangażowanych w uprawę, promocję i wykorzystanie OFSP. Niniejszy przewodnik ma na celu zapewnienie szczegółowego zrozumienia praktyk rolniczych, korzyści żywieniowych i możliwości rynkowych związanych z OFSP oraz tego, w jaki sposób jego produkcja może przyczynić się do poprawy bezpieczeństwa żywnościowego, zwalczania niedoboru witaminy A i wspierania wzrostu gospodarczego w Nigerii.

Cele:

1. Promowanie świadomości wartości odżywczych OFSP
- Edukacja rolników, pracowników i konsumentów w zakresie wysokiej zawartości beta-karotenu

w OFSP i jego potencjału w zwalczaniu niedoboru witaminy A, szczególnie w populacjach wrażliwych, takich jak dzieci i kobiety w ciąży.

- Podkreślenie korzyści zdrowotnych wynikających z włączenia OFSP do regularnej diety i jego roli w poprawie wyników w zakresie zdrowia publicznego w Nigerii.

2. Zapewnienie praktycznych wytycznych dotyczących uprawy OFSP

- Oferuje szczegółowe instrukcje krok po kroku dotyczące najlepszych praktyk agronomicznych w uprawie OFSP, w tym przygotowania gruntów, rozmnażania winorośli, zwalczania szkodników i chorób oraz technik zbioru.

- Nakreślenie regionalnych zaleceń dotyczących uprawy OFSP, biorąc pod uwagę zróżnicowane strefy rolno-ekologiczne Nigerii oraz ich odpowiednie warunki klimatyczne i glebowe.

3. Poszerzenie wiedzy rolników na temat odmian OFSP i systemów nasiennych

- Przedstawienie informacji na temat różnych odmian OFSP dostępnych w Nigerii, ich charakterystyki oraz sposobu, w jaki rolnicy mogą uzyskać dostęp do wysokiej jakości materiału nasadzeniowego.

- Zwrócenie uwagi na znaczenie zrównoważonych systemów nasiennych i poinstruowanie rolników, jak zachować i rozmnażać winorośl OFSP, aby zapewnić stałą produkcję.

4. Wspieranie rozwoju łańcuchów wartości OFSP

- Zbadanie możliwości dodania wartości do OFSP, w tym technik przetwarzania produktów takich jak mąka OFSP, puree, chipsy i chleb.

- Zapewnienie wglądu w potencjał rynkowy OFSP, w tym strategie dostępu do rynków lokalnych i eksportowych oraz sposób, w jaki rolnicy mogą zwiększyć swoje dochody poprzez komercjalizację OFSP.

5. Promowanie odpornych na zmiany klimatu i zrównoważonych praktyk rolniczych

- Zachęcanie do przyjęcia OFSP jako uprawy odpornej na zmiany klimatu, odpowiedniej dla zmieniających się warunków środowiskowych Nigerii.

- Oferowanie wskazówek dotyczących włączania OFSP do zrównoważonych systemów rolniczych, takich jak uprawa międzyplonów i płodozmian, w celu poprawy stanu gleby i zapewnienia długoterminowej wydajności rolnictwa.

6. Ułatwienie wymiany wiedzy i budowania potencjału

- Wyposażenie pracowników zajmujących się upowszechnianiem wiedzy rolniczej, organizacji pozarządowych i liderów społeczności w informacje potrzebne do szkolenia rolników w zakresie produkcji i wykorzystania OFSP.

- Wspieranie współpracy między instytucjami badawczymi, organami rządowymi i rolnikami w celu przyspieszenia badań nad OFSP i opracowania nowych, wysokowydajnych, odpornych na szkodniki odmian.

Spełniając te cele, przewodnik odegra kluczową rolę w rozszerzaniu produkcji OFSP, poprawie wyników żywieniowych i wspieraniu wzmocnienia pozycji ekonomicznej rolników w Nigerii.

ROZDZIAŁ 2
GLOBALNY I LOKALNY KONTEKST PRODUKCJI SŁODKICH ZIEMNIAKÓW
2.1. Globalna produkcja i dystrybucja słodkich ziemniaków o pomarańczowym miąższu
2.1.1. Globalna produkcja słodkiego ziemniaka z miąższem pomarańczowym (OFSP)

Słodki ziemniak o pomarańczowym miąższu (OFSP) to biofortyfikowana odmiana słodkiego ziemniaka, która zyskała na znaczeniu ze względu na wysoką zawartość beta-karotenu, który jest niezbędny do zwalczania niedoboru witaminy A (VAD). Chociaż słodki ziemniak jest uprawiany na całym świecie, produkcja OFSP odnotowała znaczny wzrost, szczególnie w Afryce Subsaharyjskiej i Azji Południowo-Wschodniej, w ramach programów biofortyfikacji mających na celu walkę z niedożywieniem.

Kluczowe regiony produkcji OFSP obejmują:

* Afryka Subsaharyjska: OFSP jest szeroko promowany w krajach takich jak Uganda, Tanzania, Rwanda, Kenia i Nigeria. Afryka Subsaharyjska jest domem dla wielu drobnych rolników uprawiających OFSP, często przy wsparciu inicjatyw rolniczych i żywieniowych prowadzonych przez organizacje takie jak "Międzynarodowe Centrum Ziemniaka (CIP)" i "HarvestPlus".

* Azja: W Azji Południowo-Wschodniej OFSP jest produkowany w krajach takich jak Indonezja, Wietnam i Filipiny. Podczas gdy tradycyjne odmiany są bardziej popularne, programy biofortyfikacji stopniowo wprowadzają OFSP jako suplement diety w celu poprawy zdrowia publicznego.

* Ameryka Łacińska: Niektóre kraje Ameryki Łacińskiej również zaczynają włączać OFSP do swoich systemów rolniczych, choć nadal jest to mniej rozpowszechnione niż w Afryce czy Azji.

2.1.2. Globalna dystrybucja OFSP

Dystrybucja OFSP jest przede wszystkim napędzana przez wysiłki mające na celu rozwiązanie problemu VAD, który dotyka miliony ludzi na całym świecie. Organizacje międzynarodowe i pozarządowe współpracują z rządami w celu dystrybucji winorośli OFSP wśród drobnych rolników, zwłaszcza w regionach, w których niedożywienie jest powszechne. Programy te koncentrują się również na edukowaniu społeczności na temat korzyści odżywczych OFSP i jego włączenia do lokalnych diet.

Kanały dystrybucji obejmują:

* Usługi upowszechniania rolnictwa: Rządy i organizacje pozarządowe zapewniają rolnikom materiały do sadzenia OFSP i szkolenia w ramach programów upowszechniania rolnictwa. Programy te są szczególnie aktywne w Afryce, gdzie OFSP jest promowany jako narzędzie poprawy zdrowia i bezpieczeństwa żywnościowego.

* Inicjatywy organizacji pozarządowych i międzynarodowych: Programy takie jak "HarvestPlus" i "CIP" współpracują bezpośrednio z rolnikami w celu dystrybucji winorośli OFSP i promowania ich adopcji poprzez kampanie informacyjne i badania nad ulepszonymi odmianami.

* Dystrybucja rynkowa: W miarę jak OFSP staje się coraz bardziej akceptowany, rynki korzeni OFSP i produktów przetworzonych (np. mąki, chipsów, puree) rozwijają się na obszarach miejskich i poprzez łańcuchy wartości. W niektórych regionach produkty z OFSP są obecnie dostępne w lokalnych supermarketach i na rynkach.

2.2. Produkcja i dystrybucja słodkich ziemniaków o pomarańczowym miąższu w Nigerii
2.2.1. Produkcja OFSP w Nigerii

Nigeria jest jednym z największych producentów słodkich ziemniaków w Afryce, a uprawa słodkich ziemniaków o pomarańczowym miąższu (OFSP) wzrosła w ostatnich latach ze względu na jej potencjał w zwalczaniu VAD i poprawie bezpieczeństwa żywnościowego.

* Regiony produkcji: OFSP jest uprawiany głównie w północnych i środkowych stanach Nigerii, w tym Benue, Nasarawa, Plateau i Kaduna, gdzie rozwija się dzięki sprzyjającym warunkom agroekologicznym. Rolnicy w tych regionach zazwyczaj angażują się w produkcję na małą skalę, z potencjałem ekspansji w miarę wzrostu świadomości i popytu na OFSP.

* Skala produkcji: Podczas gdy produkcja OFSP w Nigerii rośnie, pozostaje ona mniejszą częścią

ogólnej uprawy słodkich ziemniaków w porównaniu do tradycyjnych odmian o białym miąższu. Jednak dzięki ciągłym wysiłkom na rzecz promowania OFSP oczekuje się, że produkcja znacznie wzrośnie.

2.2.2. Dystrybucja OFSP w Nigerii

Dystrybucja OFSP w Nigerii odbywa się za pośrednictwem kilku kanałów, wspieranych przez inicjatywy rządowe, organizacje pozarządowe i organizacje międzynarodowe.

• Programy rządowe: Rząd Nigerii, za pośrednictwem Ministerstwa Rolnictwa i Rozwoju Obszarów Wiejskich, promuje produkcję OFSP w ramach swojej strategii walki z niedożywieniem i poprawy zdrowia publicznego. Wiąże się to z dystrybucją winorośli OFSP wśród drobnych rolników, szczególnie w regionach, w których występuje VAD. Rządowe usługi rozszerzenia rolnictwa zapewniają również szkolenia w zakresie najlepszych praktyk uprawy OFSP.

• Wsparcie organizacji pozarządowych i międzynarodowych: Organizacje takie jak "HarvestPlus", "CIP" oraz "Bill & Melinda Gates Foundation" odgrywają kluczową rolę w dystrybucji materiałów do sadzenia OFSP i promowaniu świadomości na temat jego korzyści odżywczych. Współpracują one ściśle z lokalnymi rządami, instytutami badawczymi i rolnikami, aby zapewnić, że OFSP dotrze do społeczności, które najbardziej go potrzebują.

• Zaangażowanie sektora prywatnego: W ostatnich latach firmy z sektora prywatnego zaczęły inwestować w łańcuch wartości OFSP, dostrzegając potencjał produktów opartych na OFSP, takich jak mąka, puree i przekąski. Firmy te pracują nad rozwojem rynków komercyjnych dla produktów OFSP, co z kolei napędza popyt na tę uprawę.

2.3. Odmiany, pochodzenie, charakterystyka i zastosowanie OFSP: Kontekst globalny i nigeryjski

Na całym świecie kilka odmian OFSP zostało opracowanych w ramach programów hodowlanych zainicjowanych przez instytucje badawcze, takie jak "Międzynarodowe Centrum Ziemniaka (CIP)" i inne organy rolnicze. Odmiany te zostały zaprojektowane w celu zaspokojenia zarówno potrzeb żywieniowych, jak i agronomicznych, takich jak odporność na szkodniki, tolerancja na suszę i wysokie plony.

2.3.1. Resisto (USA)

• Pochodzenie: Opracowany w Stanach Zjednoczonych.

• Charakterystyka: Resisto jest jedną z wczesnych odmian OFSP i jest znana ze swojego głęboko pomarańczowego miąższu, wysokiej zawartości beta-karotenu, gładkiej skórki i umiarkowanej wydajności. Jest również odporna na niektóre powszechne szkodniki i choroby.

• Zastosowanie: Głównie do spożycia na świeżo i przetwarzania na frytki, puree i chipsy.

2.3.2. Beauregard (USA)

• Pochodzenie: Opracowany w Stanach Zjednoczonych.

• Charakterystyka: Beauregard to powszechnie uprawiana odmiana, która jest wysokowydajna, odporna na choroby i ma atrakcyjny kształt korzenia. Jego głęboki pomarańczowy kolor wskazuje na wysoki poziom beta-karotenu, co czyni go popularnym wyborem do interwencji żywieniowych.

• Zastosowanie: Szeroko stosowany w przemyśle spożywczym do produktów takich jak frytki i przekąski ze słodkich ziemniaków.

2.3.3. Kabode (Afryka Wschodnia)

• Pochodzenie: Opracowany przez CIP w Ugandzie.

• Charakterystyka: Kabode to wysokowydajna odmiana OFSP o wysokiej zawartości beta-karotenu. Jest dobrze przystosowana do warunków uprawy w Afryce Wschodniej i jest szeroko stosowana w programach żywieniowych mających na celu zmniejszenie VAD.

• Zastosowanie: Uprawiana do spożycia w gospodarstwach domowych i wykorzystywana w programach dożywiania w szkołach.

2.3.4. TIB-440060 (Afryka Wschodnia)

• Pochodzenie: Opracowany przez CIP w Ugandzie.

• Charakterystyka: Odmiana ta jest odporna na suszę i przystosowana do szerokiego zakresu środowisk w Afryce Subsaharyjskiej. Jej głęboki pomarańczowy kolor odzwierciedla wysoką zawartość betakarotenu i jest wysoce zalecany w regionach narażonych na częste susze.

- Zastosowanie: Używany głównie na obszarach wiejskich do celów żywieniowych.

2.3.5. Vita (Mozambik)

- Pochodzenie: Wydany w Mozambiku przez CIP.
- Charakterystyka: Vita to odporna na suszę odmiana OFSP, która wcześnie dojrzewa i daje wysokie plony. Jest szeroko stosowana w Mozambiku jako część krajowej strategii bezpieczeństwa żywnościowego.
- Zastosowanie: Używany do spożycia na świeżo i na rynkach lokalnych.

2.3.6. SPK004 (Kenia)

- Pochodzenie: Opracowany w Kenii.
- Charakterystyka: SPK004 jest powszechnie uprawianą odmianą OFSP w Kenii, znaną z wysokiego poziomu beta-karotenu i zdolności adaptacyjnych do różnych stref agroekologicznych. Jest powszechnie stosowana w interwencjach zdrowotnych mających na celu poprawę żywienia dzieci.
- Zastosowanie: Zintegrowane z krajowymi i regionalnymi programami żywieniowymi.

2.4 Odmiany słodkich ziemniaków o pomarańczowym miąższu w Nigerii

Nigeria wprowadziła kilka odmian OFSP w celu rozwiązania problemu VAD, zwłaszcza wśród dzieci i kobiet w ciąży. Odmiany te zostały opracowane we współpracy z organizacjami międzynarodowymi, takimi jak CIP i lokalnymi instytucjami badawczymi, takimi jak National Root Crops Research Institute (NRCRI).

2.4.1. Seria UMUSPO (Nigeria)

Seria "UMUSPO" składa się z trzech popularnych odmian OFSP opracowanych przez NRCRI w celu zaspokojenia potrzeb nigeryjskich rolników i rozwiązania problemu VAD.

UMUSPO01 ("King J")

- Właściwości: Odmiana ta ma głęboki pomarańczowy kolor, wskazujący na wysoki poziom beta-karotenu. Jest odporna na choroby, ma wysoką wydajność i jest idealna do spożycia na świeżo.
- Zastosowanie: Zalecana do ogrodów przydomowych i małych gospodarstw rolnych.

UMUSPO02 ("Rozkosz matki")

- Charakterystyka: Znany ze swojej tolerancji na suszę i wysokiej produktywności, UMUSPO02 nadaje się do różnych stref rolno-ekologicznych Nigerii. Dobrze przechowuje się po zbiorach, co czyni ją dobrą opcją dla rolnictwa komercyjnego.
- Zastosowanie: Powszechnie stosowany w przetwórstwie mąki i przecieru.

UMUSPO03 ("Solo Gold")

- Właściwości: Solo Gold to wysokowydajna i odporna na szkodniki odmiana o głęboko pomarańczowym miąższu bogatym w beta-karoten. Jest popularna zarówno w systemach deszczowych, jak i nawadnianych.
- Zastosowanie: Używany do spożycia w stanie świeżym i przetwarzania na różne produkty na bazie OFSP.

2.4.2. Ex-Igbariam

- Pochodzenie: Opracowany w Nigerii.
- Właściwości: Ex-Igbariam ma jasnopomarańczowy miąższ i umiarkowany poziom betakarotenu. Jest stosunkowo łatwa w uprawie i zyskała popularność w Nigerii ze względu na swoje zdolności adaptacyjne i dobre plony.
- Zastosowanie: Spożywana na świeżo i przetwarzana na produkty takie jak puree i chipsy.

2.4.3. CIP-Tanzania (CIP-Tz)

- Pochodzenie: Wprowadzona z Tanzanii.
- Właściwości: CIP-Tanzania jest odporna na suszę i ma głęboko pomarańczowy miąższ o wysokiej zawartości beta-karotenu. Dobrze nadaje się do półpustynnych regionów północnej Nigerii.
- Zastosowanie: Stosowany głównie w gospodarstwach domowych i w programach żywieniowych skierowanych do społeczności wiejskich.

2.5 . Polityka rządu i inicjatywy rolnicze w Nigerii

Rząd Nigerii, we współpracy z organizacjami międzynarodowymi i lokalnymi instytutami badawczymi, coraz bardziej koncentruje się na promowaniu słodkich ziemniaków o pomarańczowym miąższu (OFSP) w celu zwalczania niedożywienia, w szczególności niedoboru witaminy A (VAD). Wdrożono różne polityki i inicjatywy mające na celu zachęcenie do produkcji, przetwarzania i konsumpcji OFSP, uznając jego potencjał w zakresie poprawy bezpieczeństwa żywnościowego i zdrowia publicznego. Poniżej znajduje się przegląd kluczowych polityk i inicjatyw rządowych dotyczących OFSP w Nigerii.

2.5.1. Krajowa polityka w zakresie żywności i żywienia (2016)

> Przegląd: Narodowa Polityka Żywności i Żywienia ma na celu walkę z niedożywieniem poprzez wielosektorowe podejście, które obejmuje biofortyfikację upraw takich jak OFSP. Polityka uznaje OFSP za kluczową uprawę w walce z VAD, szczególnie na obszarach wiejskich, gdzie niedobór jest najbardziej rozpowszechniony.

> Kluczowe punkty:

> Promocja upraw biofortyfikowanych, w tym OFSP, w programach rolnych.

> Włączenie OFSP do programów żywienia w szkołach w celu poprawy żywienia dzieci.

> Wsparcie dla drobnych rolników uprawiających OFSP poprzez dostęp do nasion, szkoleń i usług doradczych.

> Wpływ na OFSP: Polityka doprowadziła do zwiększenia świadomości i włączenia OFSP do różnych rządowych i pozarządowych programów żywieniowych.

2.5.2. Agenda Transformacji Rolnictwa (ATA) (2011-2015)

• Streszczenie: W ramach Agendy Transformacji Rolnictwa (ATA) rząd Nigerii dążył do zmiany pozycji rolnictwa jako kluczowego czynnika rozwoju gospodarczego. Jednym z elementów tego programu była promocja upraw biofortyfikowanych, takich jak OFSP, w celu zapewnienia bezpieczeństwa żywnościowego i zmniejszenia niedożywienia.

• Kluczowe punkty:

> Włączenie OFSP do programów rozwoju upraw korzeniowych i bulwiastych.

> Wsparcie dla badań nad OFSP, dystrybucja nasion i adopcja wśród rolników.

> Promocja przemysłu przetwórczego OFSP w celu tworzenia produktów o wartości dodanej.

- Wpływ na OFSP: ATA zapewniła ramy dla rozwoju różnych inicjatyw OFSP, w tym partnerstwa z instytucjami badawczymi i agencjami rozwoju.

2.5.3. Inicjatywy Krajowego Instytutu Badawczego Roślin Korzeniowych (NRCRI)

> Przegląd: National Root Crops Research Institute (NRCRI) jest główną instytucją odpowiedzialną za rozwój i promocję OFSP w Nigerii. NRCRI wydało kilka odmian OFSP, w tym UMUSPO01, UMUSPO02 i UMUSPO03, które są powszechnie uprawiane w całym kraju.

> Kluczowe punkty:

> Badania i rozwój wysokowydajnych, odpornych na choroby i bogatych w beta-karoten odmian OFSP.

> Partnerstwa z organizacjami międzynarodowymi, takimi jak Międzynarodowe Centrum Ziemniaka (CIP) i HarvestPlus w celu promowania adopcji OFSP.

> Programy szkoleniowe dla rolników na temat korzyści płynących z OFSP, najlepszych praktyk rolniczych i technik przetwarzania po zbiorach.

> Wpływ na OFSP: Praca NRCRI odegrała kluczową rolę w zwiększeniu produkcji OFSP i zapewnieniu jego dostępności dla rolników w całej Nigerii.

2.5.4. HarvestPlus i programy biofortyfikacji

• Przegląd: HarvestPlus jest głównym graczem w wysiłkach na rzecz biofortyfikacji w Nigerii, współpracując z rządem w celu promowania uprawy i konsumpcji OFSP. Poprzez *Biofortification Programme*, HarvestPlus współpracuje z rządem Nigerii w celu włączenia OFSP do polityki rolnej i programów żywieniowych.

• Kluczowe punkty:

> Współpraca z rządem Nigerii w celu dystrybucji biofortyfikowanych odmian OFSP wśród drobnych rolników.

> Włączenie OFSP do szkolnych programów żywieniowych i kampanii uświadamiających społeczeństwo na temat korzyści płynących z upraw biofortyfikowanych.

> Promowanie konsumpcji OFSP poprzez rozwój łańcucha wartości, wspieranie przemysłu przetwórczego i powiązań rynkowych.

- Wpływ na OFSP: HarvestPlus odegrał kluczową rolę w rozszerzaniu produkcji OFSP w Nigerii, szczególnie w promowaniu jego korzyści zdrowotnych i potencjału gospodarczego.

2.5.5. Narodowy strategiczny plan działania w zakresie żywienia (NSPAN) (2014-2019)

• Przegląd: NSPAN to ramy opracowane przez rząd Nigerii w celu zwalczania niedożywienia, z naciskiem na poprawę spożycia mikroelementów poprzez biofortyfikację i dywersyfikację diety. OFSP został zidentyfikowany jako kluczowa uprawa interwencyjna w tej strategii.

• Kluczowe punkty:

> Włączenie OFSP do programów skierowanych do słabszych grup społecznych, takich jak kobiety i dzieci.

> Współpraca z ministerstwami zdrowia i agencjami rolnymi w celu promowania OFSP jako części zrównoważonej diety.

> Wzmocnienie partnerstwa z organizacjami międzynarodowymi w celu zwiększenia dystrybucji i adopcji OFSP.

- Wpływ na OFSP: NSPAN przyczynił się do zwiększonego wykorzystania OFSP w rządowych programach żywieniowych, szczególnie na obszarach wiejskich i niedostatecznie rozwiniętych.

2.5.6. Programy dożywiania w szkołach

> Przegląd: Nigeryjski rządowy program National Home-Grown School Feeding Programme (NHGSFP) ma na celu zapewnienie pożywnych posiłków dzieciom w wieku szkolnym przy jednoczesnym wspieraniu lokalnych rolników. OFSP został włączony do tego programu jako uprawa biofortyfikowana w celu zwiększenia spożycia składników odżywczych przez dzieci, szczególnie w stanach o wysokim wskaźniku VAD.

> Kluczowe punkty:

> Wykorzystanie lokalnie uprawianych OFSP w posiłkach szkolnych w celu poprawy spożycia witaminy A przez dzieci.

> Partnerstwa z lokalnymi rolnikami OFSP w celu zaopatrywania szkół, a tym samym pobudzania lokalnych gospodarek.

> Kampanie edukacyjne w szkołach na temat korzyści zdrowotnych OFSP.

> Wpływ na OFSP: Włączenie OFSP do programów dożywiania w szkołach podniosło świadomość na temat jego wartości odżywczych i zwiększyło jego spożycie wśród dzieci w wieku szkolnym.

2.5.7. Program rozwoju łańcucha wartości OFSP (2015-obecnie)

> Przegląd: We współpracy z Międzynarodowym Centrum Ziemniaka (CIP) i innymi partnerami, rząd Nigerii podjął inicjatywy mające na celu rozwój łańcucha wartości OFSP. Celem jest poprawa produkcji, przetwarzania i marketingu w celu zwiększenia potencjału gospodarczego OFSP.

> Kluczowe punkty:

> Szkolenie rolników w zakresie najlepszych praktyk agronomicznych i postępowania po zbiorach.

> Wsparcie dla małych zakładów przetwórczych OFSP, takich jak zakłady produkujące puree, mąkę i chipsy z OFSP.

> Rozwój powiązań rynkowych w celu zwiększenia popytu na produkty OFSP, zarówno na poziomie lokalnym, jak i międzynarodowym.

> Wpływ na OFSP: Program rozwoju łańcucha wartości OFSP wzmocnił integrację OFSP z gospodarką rolną Nigerii, prowadząc do poprawy warunków życia rolników i przetwórców.

2.5.8. Nigeryjska polityka promocji rolnictwa (APP) (2016-2020)

• Przegląd: APP, znany również jako Zielona Alternatywa, miał na celu wykorzystanie sukcesów ATA poprzez promowanie dywersyfikacji rolnictwa. OFSP został włączony jako część strategii biofortyfikacji i bezpieczeństwa żywnościowego.

• Kluczowe punkty:

> Promowanie OFSP w rolniczych łańcuchach wartości w celu zwiększenia bezpieczeństwa żywnościowego i wyników żywieniowych.

> Skupienie się na rozszerzeniu adopcji OFSP wśród drobnych rolników poprzez programy dystrybucji nasion.

> Rozwój partnerstw publiczno-prywatnych w celu promowania przetwarzania i komercjalizacji OFSP.

- Wpływ na OFSP: APP koncentruje się na dywersyfikacji i biofortyfikacji, zapewniając ramy dla rozwoju produkcji i komercjalizacji OFSP w Nigerii.

2.6. Popyt rynkowy i znaczenie gospodarcze OFSP w Nigerii

Słodkie ziemniaki o pomarańczowym miąższu (OFSP) stały się znaczącą uprawą w Nigerii ze względu na ich wysoką wartość odżywczą i zdolność adaptacji do lokalnych warunków uprawy. Ich rola w zwalczaniu niedoboru witaminy A i potencjalne korzyści ekonomiczne zwiększyły zainteresowanie rolników, decydentów i interesariuszy rynkowych. Poniżej znajduje się analiza popytu rynkowego i znaczenia gospodarczego OFSP w Nigerii.

2.6.1. Popyt rynkowy na OFSP

- Zapotrzebowanie na składniki odżywcze

> Niedobór witaminy A: Nigeria ma jeden z najwyższych wskaźników niedoboru witaminy A (VAD) na świecie, szczególnie dotykający dzieci i kobiety w ciąży. OFSP jest bogaty w beta-karoten, który organizm przekształca w witaminę A. To sprawia, że OFSP jest kluczowym elementem programów żywieniowych mających na celu poprawę zdrowia publicznego (Low i in., 2017).

>Programy zdrowia publicznego: OFSP jest często uwzględniany w programach żywienia w szkołach, inicjatywach dotyczących zdrowia matek i dzieci oraz projektach żywienia społeczności. Jego włączenie do tych programów pomaga zaspokoić potrzeby żywieniowe wrażliwych populacji (Federalne Ministerstwo Edukacji, 2020).

- Preferencje konsumentów

> Smak i wszechstronność: OFSP jest preferowany przez konsumentów ze względu na swój słodki smak i wszechstronność w gotowaniu. Może być stosowany w różnych potrawach, w tym w zupach, gulaszach i wypiekach. Ta wszechstronność pomaga utrzymać stały popyt konsumentów (Harper & Biles, 2019).

> Kampanie uświadamiające: Zwiększenie świadomości na temat korzyści zdrowotnych OFSP poprzez kampanie rządowe i pozarządowe doprowadziło do większej akceptacji i popytu ze strony konsumentów (CIP, 2020).

- Penetracja rynku

> Rynki miejskie i wiejskie: OFSP jest dostępny zarówno na rynkach miejskich, jak i wiejskich. Podczas gdy obszary miejskie oferują większy potencjał rynkowy ze względu na wyższą siłę nabywczą, obszary wiejskie mają stały popyt ze względu na lokalną konsumpcję i tradycyjne zastosowania kulinarne (Adesina i in., 2022).

> Popyt na przetwórstwo: Rośnie zainteresowanie produktami przetworzonymi na bazie OFSP, takimi jak mąka, puree i przekąski. Popyt ten wynika z zapotrzebowania na produkty o wartości dodanej, które mogą zwiększyć bezpieczeństwo żywnościowe i stworzyć możliwości gospodarcze (HarvestPlus, 2021).

2.6.2. Znaczenie gospodarcze OFSP

> Wpływ ekonomiczny na rolników

> Generowanie dochodu: Uprawa OFSP stanowi źródło dochodu dla drobnych rolników. Stosunkowo niskie wymagania dotyczące nakładów i zdolność adaptacji do różnych rodzajów gleby sprawiają, że jest to opłacalna uprawa dla wielu rolników, w tym tych w mniej korzystnych regionach rolniczych (NRCRI, 2020).

> Dywersyfikacja upraw: W ramach strategii dywersyfikacji upraw, OFSP pomaga rolnikom

13

zmniejszyć ryzyko i poprawić ich odporność na wahania rynkowe i zmienność klimatu (Andrade i in., 2009).

> Możliwości zatrudnienia
> Rozwój łańcucha wartości: Łańcuch wartości OFSP, w tym produkcja, przetwarzanie i marketing, generuje możliwości zatrudnienia na obszarach wiejskich. Zakłady przetwórcze, transport i miejsca pracy w handlu detalicznym przyczyniają się do lokalnego rozwoju gospodarczego (CIP, 2020).
> Rozwój umiejętności: Programy szkoleniowe w zakresie uprawy i przetwarzania OFSP pomagają budować umiejętności i zdolności wśród rolników i przedsiębiorców, przyczyniając się do wzrostu gospodarczego i ograniczania ubóstwa (HarvestPlus, 2021).
> Wkład w bezpieczeństwo żywnościowe
> Stabilność dostaw: OFSP może być uprawiana przez cały rok i jest stosunkowo odporna na szkodniki i choroby w porównaniu do innych upraw. Przyczynia się to do stabilnych dostaw żywności i zwiększa bezpieczeństwo żywnościowe (Woolfe, 1992).
> Bezpieczeństwo żywieniowe: Zapewniając bogate źródło beta-karotenu, OFSP pomaga poprawić stan odżywienia populacji, zmniejszając obciążenie ekonomiczne związane z niedożywieniem (Low i in., 2017).
> Wzrost gospodarczy i inwestycje
> Przyciąganie inwestycji: Rosnący popyt na OFSP przyciągnął inwestycje w badania, rozwój i infrastrukturę przetwórczą. Partnerstwa publiczno-prywatne i projekty finansowane przez darczyńców pobudziły inwestycje w sektorze OFSP (Federalne Ministerstwo Rolnictwa i Rozwoju Obszarów Wiejskich, 2020).
> Potencjał eksportowy: Chociaż OFSP jest głównie konsumowany w kraju, istnieje potencjał eksportu OFSP do innych krajów Afryki Zachodniej, co może dodatkowo zwiększyć jego znaczenie gospodarcze (Adesina i in., 2022).

2.6.3. Wymagania klimatyczne i glebowe dla produkcji OFSP

Wymagania klimatyczne

OFSP najlepiej rozwija się w ciepłym klimacie tropikalnym. Idealny zakres temperatur dla jego wzrostu wynosi od 24°C do 30°C, przy czym wzrost znacznie spowalnia, gdy temperatura spada poniżej 15°C (International Potato Center, 2018). Konieczne są odpowiednie opady deszczu w wysokości od 750 do 1000 mm rocznie, z dobrze rozłożonym wzorem przez cały sezon wegetacyjny, aby zapobiec stresowi wodnemu (Low i in., 2009). W suchszych regionach kluczowe znaczenie ma dodatkowe nawadnianie. OFSP wymaga długiego okresu wegetacji bez przymrozków, zazwyczaj od 3 do 5 miesięcy, w zależności od odmiany i warunków środowiskowych. Uprawa osiąga również najlepsze wyniki przy pełnym nasłonecznieniu (Islam i in., 2018).

Wymagania dotyczące gleby

OFSP dostosowuje się do różnych rodzajów gleby, ale najlepiej radzi sobie na lekkich, dobrze przepuszczalnych glebach piaszczysto-gliniastych lub gliniastych (International Potato Center, 2018). Preferuje gleby o odczynie od lekko kwaśnego do obojętnego, z optymalnym zakresem pH od 5,5 do 6,8 (Low i in., 2009). Gleby o wysokiej zawartości materii organicznej są niezbędne, a uprawa jest wrażliwa zarówno na niedobory azotu, jak i fosforu. Zaleca się stosowanie nawozów, zwłaszcza na glebach z niedoborem fosforu, w celu poprawy plonu korzeni (Islam et al., 2018). Prawidłowy drenaż ma kluczowe znaczenie dla uniknięcia podlewania, które może prowadzić do gnicia korzeni. Na obszarach podatnych na słaby drenaż można zastosować podniesione grządki lub redliny, aby poprawić napowietrzenie gleby i rozwój korzeni (Low i in., 2009)

ROZDZIAŁ 3

STREFY KLIMATYCZNE ODPOWIEDNIE DO PRODUKCJI OFSP W NIGERII

OFSP może być uprawiana w kilku strefach agroekologicznych w Nigerii, z których każda oferuje korzystne warunki do jej produkcji:

3.1. Strefa wilgotnego lasu deszczowego

Strefa wilgotnych lasów deszczowych w południowej Nigerii jest idealna do uprawy OFSP ze względu na wysokie opady deszczu (ponad 1500 mm rocznie) i ciepłe temperatury (od 24°C do 30°C). Stałe opady deszczu i temperatura w tej strefie wspierają całoroczną produkcję, co czyni ją jednym z najbardziej odpowiednich obszarów dla OFSP (Ado i in., 2019).

3.2. Pochodna strefa sawanny

Położona pomiędzy lasem deszczowym a sawanną gwinejską, sawanna pochodna charakteryzuje się umiarkowanymi opadami deszczu (od 1000 do 1500 mm rocznie) i temperaturami w zakresie od 25°C do 30°C. Strefa ta oferuje równowagę między odpowiednią wilgotnością a zmniejszoną presją chorób, co czyni ją korzystną dla produkcji OFSP (International Potato Center, 2018).

3.3. Strefa sawanny gwinejskiej

Strefa sawanny gwinejskiej, znajdująca się w centralnej Nigerii, otrzymuje umiarkowane opady deszczu (od 800 do 1200 mm rocznie) i charakteryzuje się ciepłymi temperaturami (od 23°C do 30°C). OFSP może dobrze się rozwijać w tej strefie, zwłaszcza gdy nawadnianie jest stosowane w porze suchej (Low i in., 2009). Żyzność gleby w tej strefie sprzyja również rozwojowi bulw korzeniowych.

3.4. Sudańska strefa sawanny

W północnej Nigerii sawanna sudańska charakteryzuje się niższymi opadami deszczu (od 500 do 800 mm rocznie) i wyższymi temperaturami (od 25°C do 35°C). Chociaż bardziej suche warunki mogą ograniczać produkcję opartą na deszczu, OFSP może być nadal z powodzeniem uprawiana w tej strefie za pomocą systemów nawadniających (Ado i in., 2019).

Ogólnie rzecz biorąc, strefy wilgotnych lasów deszczowych, sawanny pochodnej i sawanny gwinejskiej są najbardziej odpowiednie do produkcji OFSP ze względu na korzystne opady i zakresy temperatur. Jednak dzięki nawadnianiu produkcja jest również możliwa w sawannie sudańskiej.

ROZDZIAŁ 4

RODZAJ GLEBY I PRZYGOTOWANIE DO OPTYMALNEGO WZROSTU

4.1. Rodzaj gleby

Słodki ziemniak o pomarańczowym miąższu (OFSP) najlepiej rozwija się na dobrze przepuszczalnych, piaszczysto-gliniastych lub gliniastych glebach o luźnej strukturze, co pozwala na łatwą ekspansję bulw. Gleby te są idealne dla OFSP, ponieważ zapewniają dobre napowietrzenie i zmniejszają ryzyko podlewania (Low i in., 2009). Ciężkie gleby gliniaste nie są odpowiednie, ponieważ mają tendencję do zatrzymywania wody, co może prowadzić do słabego rozwoju korzeni i gnicia bulw. Ponadto OFSP preferuje gleby o umiarkowanej zawartości materii organicznej i zakresie pH od 5,5 do 6,8, co sprzyja zdrowemu wzrostowi roślin i dostępności składników odżywczych (International Potato Center, 2018).

4.2. Przygotowanie gleby

Właściwe przygotowanie gleby ma kluczowe znaczenie dla osiągnięcia optymalnych plonów OFSP. Poniższe kroki zapewniają, że gleba jest dobrze przystosowana do uprawy OFSP:

> Oczyszczanie terenu i orka: Rozpocznij od oczyszczenia pola z wszelkich chwastów, kamieni lub gruzu. Następnie można wykonać głęboką orkę (do 20-30 cm), aby rozluźnić glebę i poprawić jej napowietrzenie. Uprawa pomaga również rozbić zagęszczone warstwy i sprzyja lepszej penetracji korzeni (Ado i in., 2019).

> Tworzenie grzbietów lub kopców: Podniesione grządki, grzbiety lub kopce powinny być formowane, szczególnie na obszarach podatnych na podlewanie. Te podwyższone struktury zapewniają, że korzenie pozostają nad stojącą wodą i poprawiają drenaż gleby, co jest niezbędne dla zdrowego rozwoju bulw (Low i in., 2009).

> Stosowanie materii organicznej: Wprowadzenie do gleby materii organicznej, takiej jak kompost lub obornik, zwiększa jej żyzność i zdolność zatrzymywania wody. Zaleca się zastosowanie około 20-30 ton obornika organicznego na hektar przed sadzeniem (International Potato Center, 2018).

> Regulacja pH gleby: Jeśli gleba jest zbyt kwaśna (poniżej pH 5,5), można zastosować wapno, aby podnieść pH do optymalnego poziomu. Podobnie w przypadku gleb zbyt zasadowych można dodać siarkę, aby obniżyć pH (Ado et al., 2019).

4.3. Zarządzanie składnikami odżywczymi

OFSP wymaga odpowiednich składników odżywczych dla optymalnego wzrostu, zwłaszcza azotu, fosforu i potasu. Zaleca się stosowanie nawozów na podstawie testów gleby. Zbilansowany nawóz NPK (np. 12:24:12) może być stosowany podczas sadzenia w celu promowania rozwoju winorośli i korzeni. Dodatkowe nawożenie pogłówne nawozem azotowym może być potrzebne w trakcie sezonu wegetacyjnego (International Potato Center, 2018).

4.4. Zarządzanie wodą i praktyki nawadniania

Skuteczne zarządzanie wodą ma kluczowe znaczenie dla optymalnego wzrostu i rozwoju bulw OFSP. Zarówno nadmiar wody, jak i stres związany z suszą mogą negatywnie wpływać na plony i jakość upraw. Poniżej przedstawiono kluczowe praktyki zarządzania wodą i nawadniania w celu zapewnienia udanej produkcji OFSP:

4.4.1. Wymagania dotyczące wody

OFSP wymaga umiarkowanej ilości wody przez cały sezon wegetacyjny. Uprawa osiąga najlepsze wyniki przy 750-1000 mm równomiernie rozłożonych opadów rocznie (International Potato Center, 2018). Stres spowodowany suszą, szczególnie na etapie inicjacji i pęcznienia bulw, może zmniejszyć plon bulw, podczas gdy nadmiar wody może prowadzić do zgnilizny korzeni. W związku z tym konieczne jest odpowiednie zarządzanie wodą, aby zapewnić poziom wilgotności gleby odpowiedni do potrzeb upraw.

Krytyczne etapy nawadniania

Istnieją określone etapy wzrostu, w których OFSP jest szczególnie wrażliwy na dostępność wody:

> Początkowe stadium wzrostu (pierwsze 2-3 tygodnie): W tym okresie odpowiednia wilgotność

gleby ma kluczowe znaczenie dla zapewnienia dobrego wzrostu winorośli i rozwoju korzeni (Low i in., 2009).

> Inicjacja i pęcznienie bulw (4-8 tygodni po posadzeniu): Ten etap jest najważniejszy dla zaopatrzenia w wodę, ponieważ tworzenie i rozwój bulw wymaga wystarczającej ilości wilgoci, aby zapewnić wysokie plony. Stres wodny na tym etapie może powodować nieregularne tworzenie się bulw i zmniejszać ich rozmiar (Ado i in., 2019).

Praktyki nawadniania

W regionach o niewystarczających lub niespójnych opadach deszczu konieczne jest dodatkowe nawadnianie w celu utrzymania optymalnego poziomu wilgotności gleby. Poniżej przedstawiono powszechne praktyki nawadniania w produkcji OFSP:

> Nawadnianie kroplowe: Nawadnianie kroplowe jest jedną z najbardziej wydajnych metod dostarczania wody w uprawie OFSP. Zapewnia, że woda jest podawana bezpośrednio do strefy korzeniowej, minimalizując straty wody spowodowane parowaniem i spływaniem. Metoda ta pomaga również zapobiegać nadmiernemu nawadnianiu, które może prowadzić do podlewania (Ado et al., 2019).

> Nawadnianie bruzdowe: Nawadnianie bruzdowe polega na tworzeniu płytkich rowów między redlinami lub podniesionymi grządkami. Woda jest kierowana przez te bruzdy, umożliwiając jej infiltrację do gleby i dotarcie do korzeni roślin. Metoda ta jest powszechnie stosowana na obszarach o niższej dostępności wody, ale wymaga starannego zarządzania, aby uniknąć podlewania (Low i in., 2009).

> Nawadnianie za pomocą zraszaczy: Systemy zraszaczy mogą być stosowane w celu zapewnienia równomiernej dystrybucji wody na większym obszarze. Metoda ta może jednak zwiększać wilgotność wokół roślin, potencjalnie sprzyjając chorobom grzybiczym. Dlatego należy ją stosować ostrożnie, zwłaszcza w wilgotnych regionach (International Potato Center, 2018).

Techniki zarządzania wodą

> Ściółkowanie: Stosowanie organicznej lub plastikowej ściółki może pomóc zachować wilgotność gleby, zmniejszyć parowanie i zminimalizować wzrost chwastów. Ściółki organiczne, takie jak słoma lub trawa, poprawiają również strukturę gleby i dodają składniki odżywcze w miarę ich rozkładu (Low et al., 2009).

> Monitorowanie wilgotności gleby: Monitorowanie poziomu wilgotności gleby jest ważne, aby uniknąć nadmiernego lub niedostatecznego nawadniania. Narzędzia takie jak tensjometry lub czujniki wilgotności gleby mogą być używane do zapewnienia, że gleba pozostaje na odpowiednim poziomie wilgotności dla wzrostu OFSP (Ado i in., 2019).

Zarządzanie drenażem

Nadmiar wody w glebie może prowadzić do podlewania, co negatywnie wpływa na jakość bulw i sprzyja chorobom korzeni. Na obszarach narażonych na obfite opady deszczu lub słaby drenaż należy stosować odpowiednie systemy odwadniające, takie jak podniesione grządki lub redliny (International Potato Center, 2018).

4.4. Zrównoważone praktyki rolnicze dla produkcji OFSP

Zmiany klimatu stanowią poważne wyzwanie dla produkcji rolnej, w tym uprawy słodkich ziemniaków o pomarańczowym miąższu (OFSP). Rosnące temperatury, nieregularne opady deszczu i ekstremalne zjawiska pogodowe zagrażają plonom i zdrowiu gleby. Aby sprostać tym wyzwaniom, zrównoważone praktyki rolnicze mają kluczowe znaczenie dla zwiększenia odporności i zapewnienia ciągłej produktywności. Poniżej przedstawiono zrównoważone praktyki, które można zastosować w produkcji OFSP w obliczu zmian klimatycznych:

• Odmiany odporne na suszę i warunki klimatyczne

Przyjęcie odmian OFSP, które są odporne na suszę i inne stresy związane z klimatem, jest kluczową strategią łagodzenia skutków zmian klimatu. Programy hodowlane opracowały odmiany OFSP odporne na suszę, które są bardziej odporne na stres wodny, umożliwiając rolnikom utrzymanie plonów nawet w regionach o nieregularnych opadach deszczu (International Potato Center, 2018).

• Agroleśnictwo i uprawa współrzędna

Integracja produkcji OFSP z systemami rolno-leśnymi lub międzyplonowymi może poprawić żyzność gleby, zmniejszyć erozję i zwiększyć różnorodność biologiczną. Uprawa międzyplonowa OFSP z roślinami strączkowymi, takimi jak cowpeas lub orzeszki ziemne, może pomóc w wiązaniu azotu w glebie, poprawiając zdrowie gleby i zmniejszając zapotrzebowanie na nawozy syntetyczne (Ado i in., 2019). Systemy rolno-leśne, które obejmują sadzenie drzew obok upraw, pomagają ustabilizować mikroklimat, zapewniają cień i poprawiają retencję wody w glebie.

• Techniki ochrony gleby

Zmiany klimatu mogą prowadzić do degradacji gleby poprzez erozję, pustynnienie i wyczerpywanie się składników odżywczych. Aby utrzymać zdrowie i żyzność gleby dla produkcji OFSP, rolnicy powinni przyjąć następujące techniki ochrony gleby:

• Uprawa konturowa: Sadzenie OFSP wzdłuż konturów nachylonego terenu pomaga zmniejszyć erozję gleby poprzez spowolnienie spływu wody podczas ulewnych deszczy (Low i in., 2009).

• Uprawa konserwująca: Minimalna uprawa lub praktyki bezorkowe chronią strukturę gleby, zmniejszają erozję i poprawiają retencję wody. Metody te zwiększają również zawartość materii organicznej, co sprzyja lepszemu obiegowi składników odżywczych i sekwestracji węgla (International Potato Center, 2018).

• Zarządzanie wodą i wydajne nawadnianie

Wraz ze zmieniającymi się wzorcami opadów, efektywne zarządzanie wodą ma kluczowe znaczenie dla zrównoważonej produkcji OFSP. Zrównoważone metody nawadniania, takie jak nawadnianie kroplowe, zmniejszają zużycie wody poprzez dostarczanie wilgoci bezpośrednio do korzeni roślin, minimalizując parowanie i oszczędzając zasoby wodne (Ado i in., 2019). Na obszarach podatnych na suszę systemy zbierania wody deszczowej mogą przechwytywać i przechowywać wodę deszczową do wykorzystania w okresach suszy.

• Nawożenie organiczne i kompostowanie

Stosowanie nawozów organicznych, takich jak kompost lub obornik, poprawia żyzność gleby, jednocześnie zmniejszając zależność od środków chemicznych. Materia organiczna zwiększa zdolność gleby do zatrzymywania wody, poprawia jej strukturę i przyczynia się do sekwestracji dwutlenku węgla, z których wszystkie są niezbędne w łagodzeniu wpływu zmian klimatycznych na produkcję OFSP (Low i in., 2009). Ponadto kompostowanie resztek pożniwnych z pól OFSP pomaga przywrócić składniki odżywcze do gleby.

• Płodozmian i dywersyfikacja upraw

Praktykowanie płodozmianu pomaga przerwać cykle szkodników i chorób, zmniejsza zubożenie gleby w składniki odżywcze i promuje długoterminowe zdrowie gleby. Rotacja OFSP z innymi uprawami, takimi jak rośliny strączkowe lub zboża, może przywrócić żyzność gleby i zmniejszyć gromadzenie się szkodników specyficznych dla słodkich ziemniaków (International Potato Center, 2018). Dywersyfikacja upraw zwiększa również odporność na wahania rynkowe i klimatyczne, zapewniając rolnikom alternatywne źródła dochodu i bezpieczeństwo żywnościowe.

• Zintegrowane zarządzanie szkodnikami i chorobami (IPM)

Zmiany klimatyczne mogą prowadzić do rozprzestrzeniania się szkodników i chorób, zagrażając plonom OFSP. Zintegrowane zarządzanie szkodnikami i chorobami (IPM) łączy biologiczne, kulturowe i chemiczne metody kontroli w celu zmniejszenia wpływu szkodników. Praktyki takie jak płodozmian, uprawa współrzędna i stosowanie odpornych odmian OFSP mogą zminimalizować presję szkodników. Biologiczne środki kontroli, takie jak pożyteczne owady i mikroorganizmy, można wprowadzić w celu zwalczania szkodników bez polegania na szkodliwych chemikaliach (Ado i in., 2019).

• Stosowanie mulczowania i upraw okrywowych

Ściółkowanie materiałami organicznymi, takimi jak resztki pożniwne lub trawa, pomaga zachować wilgotność gleby, ograniczyć wzrost chwastów i chronić glebę przed erozją. Uprawy okrywowe, takie jak rośliny strączkowe lub trawy, mogą być uprawiane poza sezonem w celu ochrony gleby, wiązania

18

azotu i poprawy struktury gleby. Praktyki te przyczyniają się również do sekwestracji dwutlenku węgla i pomagają łagodzić skutki zmian klimatycznych (International Potato Center, 2018).

• Technologie rolnicze przyjazne dla klimatu
Przyjęcie inteligentnych technologii klimatycznych, takich jak narzędzia do prognozowania pogody i systemy wczesnego ostrzegania, umożliwia rolnikom podejmowanie świadomych decyzji dotyczących harmonogramów sadzenia i nawadniania. Cyfrowe narzędzia do monitorowania wilgotności i temperatury gleby mogą pomóc zoptymalizować zarządzanie wodą i składnikami odżywczymi w produkcji OFSP (Low i in., 2009).

4.5. Przewodnik sadzenia

4.5.1. Wybór lokalizacji

Wybór odpowiedniego miejsca ma kluczowe znaczenie dla maksymalizacji plonów i jakości słodkich ziemniaków o pomarańczowym miąższu (OFSP). Poniżej przedstawiono czynniki, które należy wziąć pod uwagę przy wyborze miejsca do produkcji OFSP:

Rodzaj gleby i jej żyzność
OFSP rozwija się na dobrze przepuszczalnych, piaszczysto-gliniastych lub gliniastych glebach, które umożliwiają dobry rozwój korzeni i zmniejszają ryzyko podlewania, co może prowadzić do zgnilizny korzeni (Low i in., 2009). Gleby bogate w materię organiczną są idealne, ponieważ dostarczają niezbędnych składników odżywczych i zwiększają zdolność gleby do zatrzymywania wody. Ponadto preferowane są gleby o pH od lekko kwaśnego do obojętnego (od 5,5 do 6,8), aby zapewnić optymalną dostępność składników odżywczych i wzrost roślin (International Potato Center, 2018). Unikaj gleb o słabym drenażu lub zagęszczonych warstwach, które mogą hamować ekspansję bulw.

4.5.2. Topografia

Teren powinien mieć łagodne nachylenie lub płaski teren, który sprzyja dobremu drenażowi, ale unika obszarów podatnych na gromadzenie się wody. Strome zbocza mogą prowadzić do erozji gleby i utraty składników odżywczych, co negatywnie wpływa na produkcję OFSP (Ado i in., 2019). Na obszarach o niewielkich nachyleniach można zastosować uprawę konturową lub tarasowanie, aby zminimalizować erozję.

4.5.3. Klimat

Wybrane miejsce powinno znajdować się w regionie o ciepłym klimacie (od 24°C do 30°C) i odpowiedniej ilości opadów (od 750 do 1000 mm rocznie). OFSP jest wrażliwy na ekstremalne temperatury i suszę, dlatego ważne jest, aby wybrać miejsce, w którym temperatura i wilgotność sprzyjają wzrostowi roślin przez cały sezon wegetacyjny (International Potato Center, 2018).

4.5.4. Dostępność wody

Bliskość niezawodnego źródła wody ma kluczowe znaczenie, zwłaszcza w regionach o nieregularnych opadach deszczu lub w porze suchej. Dostęp do urządzeń nawadniających, takich jak studnie, rzeki lub systemy zbierania wody deszczowej, zapewnia uprawom odpowiednią wilgotność podczas krytycznych etapów wzrostu (Low i in., 2009). Nawadnianie może złagodzić skutki suszy i zwiększyć produktywność na obszarach dotkniętych niedoborem wody.

4.5.5. Ekspozycja na światło słoneczne

OFSP wymaga pełnego nasłonecznienia dla optymalnej fotosyntezy i rozwoju bulw. Idealne jest miejsce z co najmniej 6-8 godzinami światła słonecznego dziennie. Należy unikać zacienionych obszarów lub miejsc w pobliżu wysokich drzew, które mogą blokować światło słoneczne, ponieważ niewystarczające nasłonecznienie może zmniejszyć wigor roślin i plony (Ado i in., 2019).

4.5.6. Bliskość rynków i dostępność

Teren powinien znajdować się na obszarze z dobrym dostępem do rynków i sieci transportowych. Bliskość rynków zmniejsza straty po zbiorach i koszty transportu, umożliwiając rolnikom bardziej efektywną sprzedaż swoich produktów (International Potato Center, 2018). Dobre drogi i infrastruktura ułatwiają również dostawy środków produkcji, takich jak nasiona, nawozy i sprzęt.

4.5.7. Historia strony:

Należy unikać wybierania miejsc z historią produkcji słodkich ziemniaków, ponieważ może to zwiększyć ryzyko gromadzenia się szkodników i chorób w glebie. Ciągłe uprawy słodkich ziemniaków mogą prowadzić do gromadzenia się szkodników, takich jak ryjkowce i chorób przenoszonych przez glebę, takich jak mącznik prawdziwy i nicienie (Low i in., 2009). Zamiast tego należy wybrać miejsce, które było używane do płodozmianu lub odłogowania w celu zmniejszenia presji szkodników i chorób.

4.6. Przygotowanie terenu i uprawa

Właściwe przygotowanie gruntu i techniki uprawy są niezbędne do maksymalizacji plonów i jakości słodkich ziemniaków o pomarańczowym miąższu (OFSP). Poniżej znajdują się zalecane kroki dla udanej uprawy OFSP:

4.6.1. Oczyszczanie terenu i wstępne przygotowanie

• Usuwanie chwastów i zanieczyszczeń: Oczyść teren z chwastów, kamieni, pni drzew i wszelkich pozostałości roślinnych z poprzednich upraw, aby stworzyć czyste pole pod uprawę OFSP. Ten krok zmniejsza konkurencję o składniki odżywcze i minimalizuje ryzyko szkodników (Low i in., 2009).

• Orka lub podorywka: Głęboka orka (do 20-30 cm) pomaga rozluźnić glebę, umożliwiając lepszy rozwój korzeni i bulw. Orka poprawia napowietrzenie gleby, drenaż i ogólną strukturę, tworząc optymalne warunki dla wzrostu bulw (Ado i in., 2019). Tam, gdzie zagęszczenie gleby jest problemem, może być konieczne dodatkowe podorywki w celu rozbicia zagęszczonych warstw.

4.6.2. Tworzenie grzbietów lub kopców

• Podniesione łóżka: Podniesione łóżka, grzbiety lub kopce powinny być uformowane w celu poprawy drenażu i zapobiegania podlewaniu, szczególnie na obszarach o obfitych opadach deszczu lub słabo osuszonych glebach (International Potato Center, 2018). Bulwy OFSP rozwijają się lepiej w luźnych, dobrze osuszonych strukturach gleby, a grzbiety ułatwiają ekspansję korzeni.

• Rozstaw: Utwórz redliny lub kopce, które są oddalone od siebie o około 75-100 cm, aby umożliwić prawidłowy wzrost winorośli i łatwe zarządzanie polem. Każdy grzbiet powinien mieć wysokość 30-45 cm, a otwory do sadzenia powinny być rozmieszczone w odległości 25-30 cm wzdłuż grzbietu (Low i in., 2009).

4.7. Wybór materiału do sadzenia

- Do sadzenia należy wybierać i używać świeżych, czystych, zdrowych i wolnych od chorób sadzonek o długości 10-30 cm. Najlepsze winorośle do sadzenia pochodzą ze środkowej części rośliny słodkiego ziemniaka, która ma najbardziej energiczny potencjał wzrostu (Low i in., 2009). Używaj sadzonek z wierzchołka łodygi (wierzchołka), ponieważ dają one lepsze plony niż te ze środka lub podstawy winorośli.

4.8. Operacja sadzenia

• Metoda sadzenia: Umieść dwie trzecie winorośli w glebie, upewniając się, że jest dobrze przykryta, ale z górną częścią nad ziemią. Winorośl powinna być sadzona pod skosem dla lepszego ukorzenienia. Sprzyja to szybkiemu osiedlaniu się i wczesnemu tworzeniu korzeni (International Potato Center, 2018). Zachowaj odstęp 25-30 cm wzdłuż rzędu (grzbietu). Na kopcach sadzić 3 pnącza na kopiec.

• Sezon sadzenia: W rolnictwie zasilanym deszczem OFSP należy sadzić na początku pory deszczowej. Na obszarach z nawadnianiem można ją sadzić przez cały rok. Sadzenie w okresach suszy wymaga dodatkowego nawadniania w celu zapewnienia optymalnego wzrostu (Ado i in., 2019).

4.9. Zarządzanie chwastami, szkodnikami i chorobami

4.9.1. Zarządzanie chwastami

• Terminowe odchwaszczanie: Chwasty konkurują z OFSP o składniki odżywcze, wodę i światło słoneczne, dlatego ważne jest ich regularne zwalczanie, zwłaszcza w ciągu pierwszych 4-6 tygodni po posadzeniu. Ręczne pielenie lub stosowanie selektywnych herbicydów może być stosowane w celu utrzymania pola wolnego od chwastów (Low et al., 2009).

• Ściółkowanie: Stosowanie ściółki (organicznej lub plastikowej) pomaga powstrzymać wzrost chwastów, zachować wilgotność gleby i poprawić jej stan. Ściółka organiczna, taka jak słoma lub liście, dodaje również składniki odżywcze do gleby w miarę jej rozkładu (International Potato Center,

2018).

4.9.2. Zarządzanie szkodnikami i chorobami:

Te same szkodniki i choroby, które wpływają na inne odmiany Sweetpotato, wpływają również na OFSP, a także wpływają na wszystkie części uprawy - korzenie, łodygi i liście.

Szkodniki

- Wołek ziemniaczany (Cylas sp)
- Owady żerujące na liściach, np. gąsienice, chrząszcze, mszyce itp.

Środki kontroli szkodników

- Zintegrowane zarządzanie szkodnikami (IPM): Stosowanie strategii IPM w celu ograniczenia występowania szkodników, takich jak ryjkowce i gąsienice. Obejmuje to regularny zwiad pól, płodozmian, uprawę międzyplonów z roślinami odpornymi na szkodniki oraz biologiczne środki kontroli (Ado i in., 2019). Inne środki obejmują terminowe zbiory, stosowanie czystych nasion, glinianie w celu zamknięcia pęknięć.

Choroby

- Choroba wirusowa słodkich ziemniaków (SPVD)
- Plamistość liści
- Zgnilizna korzeni
- Czarna zgnilizna

Kontrola chorób

- Sadzenie certyfikowanych winorośli wolnych od chorób
- Płodozmian i unikanie sadzenia OFSP na tym samym polu po sobie są podstawowymi strategiami zarządzania tymi chorobami (Low i in., 2009).
- Eliminacja wektora przez zastosowanie pestycydów

4.10. Zarządzanie składnikami odżywczymi i stosowanie nawozów

Skuteczne zarządzanie składnikami odżywczymi ma kluczowe znaczenie dla maksymalizacji plonów i jakości upraw słodkich ziemniaków o pomarańczowym miąższu (OFSP). Proces ten obejmuje zapewnienie, że gleba ma odpowiedni poziom niezbędnych składników odżywczych, przy jednoczesnym zrównoważeniu stosowania nawozów organicznych i nieorganicznych w celu spełnienia wymagań upraw bez powodowania degradacji środowiska.

4.10.1. Kluczowe wymagania dotyczące składników odżywczych dla OFSP

OFSP, podobnie jak inne odmiany słodkich ziemniaków, wymaga zrównoważonej podaży makro- i mikroelementów dla optymalnego wzrostu. Podstawowymi składnikami odżywczymi niezbędnymi do wzrostu słodkich ziemniaków są azot (N), fosfor (P) i potas (K), powszechnie określane jako NPK (Haque i in. 2014).

Azot (N):

>Azot jest niezbędny do wzrostu wegetatywnego i pomaga w rozwoju liści i winorośli, które są ważne dla fotosyntezy. Jednak nadmiar azotu może prowadzić do nadmiernego wzrostu winorośli kosztem rozwoju bulw, zmniejszając plon. W związku z tym stosowanie azotu musi być starannie zarządzane.

> Zalecane dawki azotu dla produkcji słodkich ziemniaków różnią się, ale zazwyczaj wynoszą od 40 do 60 kg/ha, w zależności od żyzności gleby i warunków lokalnych.

Fosfor (P):

> Fosfor ma kluczowe znaczenie dla rozwoju korzeni i tworzenia bulw. Wspomaga transfer energii w roślinie i promuje wczesną dojrzałość. OFSP ma umiarkowane zapotrzebowanie na fosfor.

> Dawki fosforu wynoszą od 20 do 40 kg/ha.

Potas (K):

> Potas ma kluczowe znaczenie dla poprawy jakości bulw, poprawy ich wielkości oraz zwiększenia odporności na choroby i stres środowiskowy. Poprawia również jakość przechowywania bulw, zwiększając ich integralność strukturalną.

> Potas jest stosowany w dawkach 60-120 kg/ha w zależności od testów gleby.

Drugorzędne i mikroelementy:

> Wapń (Ca), magnez (Mg) i siarka (S) są drugorzędnymi składnikami odżywczymi wymaganymi w umiarkowanych ilościach. OFSP korzysta również z mikroelementów, takich jak cynk (Zn), bor (B) i żelazo (Fe), które są często dostarczane przez materię organiczną lub nawozy mikroelementowe.

4.10.2. Testowanie gleby i zalecenia dotyczące nawozów
Badanie gleby ma kluczowe znaczenie dla określenia konkretnego zapotrzebowania gleby na składniki odżywcze przed sadzeniem OFSP. Badanie gleby może wskazać niedobory składników odżywczych i pomóc rolnikom w stosowaniu odpowiednich ilości nawozów. Zalecenia dotyczące składników odżywczych powinny być dostosowane na podstawie wyników badania gleby, aby uniknąć nadmiernego lub niedostatecznego stosowania nawozów.

> pH gleby: Optymalne pH gleby dla słodkich ziemniaków, w tym OFSP, wynosi od 5,5 do 6,5. Wapnowanie kwaśnych gleb w celu podniesienia pH może poprawić dostępność składników odżywczych.

> Materia organiczna: Wprowadzenie materii organicznej (kompostu lub obornika) do gleby przed sadzeniem może poprawić strukturę gleby, zdolność zatrzymywania wody i dostępność składników odżywczych.

4.11. Metody aplikacji nawozów dla OFSP

4.11.1. Aplikacja podstawowa
Nawożenie podstawowe obejmuje stosowanie nawozów przed lub w momencie sadzenia. Ma to zasadnicze znaczenie dla dostarczania fosforu i potasu, które są mniej mobilne w glebie i muszą być dostępne w strefie korzeniowej we wczesnych fazach wzrostu.
Procedura:
> Podczas przygotowania gleby należy wprowadzić do niej wymagane ilości fosforu i potasu.
> Na tym etapie można również stosować nawozy organiczne, takie jak dobrze rozłożony obornik lub kompost, w ilości 5-10 ton na hektar.

4.11.2. Top Dressing
Nawożenie pogłówne to stosowanie nawozów azotowych po posadzeniu, zwykle 4-6 tygodni po założeniu uprawy, w celu wsparcia wzrostu wegetatywnego. Nawozy azotowe, takie jak mocznik lub azotan amonu, są powszechnie stosowane w nawożeniu pogłównym.
Procedura:
> Stosuj nawozy azotowe w pasie wzdłuż rosnących winorośli, unikając bezpośredniego kontaktu z roślinami, aby zapobiec poparzeniom.
> Dawka nawozu stanowi zazwyczaj połowę całkowitej zalecanej dawki azotu, a druga połowa stosowana jest jako nawóz podstawowy.

4.11.3. Dokarmianie dolistne
W przypadku zidentyfikowania niedoborów mikroelementów (np. cynku lub boru) można zastosować opryski dolistne w celu dostarczenia składników odżywczych bezpośrednio do rośliny. Metoda ta jest skuteczna w szybkiej korekcie niedoborów.

Zintegrowane zarządzanie składnikami odżywczymi (INM)
Zintegrowane zarządzanie składnikami odżywczymi (INM) to zrównoważone podejście, które łączy nawozy organiczne i nieorganiczne w celu poprawy żyzności gleby przy jednoczesnym zachowaniu zdrowia środowiska. W produkcji OFSP INM pomaga zrównoważyć natychmiastowe zapotrzebowanie na składniki odżywcze z długoterminowym zdrowiem gleby.
> Składniki organiczne: Dodawanie materii organicznej w postaci kompostu, obornika lub nawozów zielonych pomaga poprawić strukturę gleby i zapewnia wolno uwalniane składniki odżywcze. Substancje organiczne zwiększają również aktywność drobnoustrojów, promując lepszy obieg składników odżywczych i wzrost korzeni.
> Nawozy nieorganiczne: W połączeniu z materiałami organicznymi, nawozy nieorganiczne zapewniają łatwo dostępne składniki odżywcze wspomagające wzrost, szczególnie podczas krytycznych etapów, takich jak tworzenie bulw.

4.12. Dawki i terminy stosowania nawozów

Dawki i terminy nawożenia zależą od konkretnych etapów wzrostu rośliny OFSP:

• Przed sadzeniem (przygotowanie gruntu):

Zastosuj 50% zalecanych dawek fosforu i potasu jako aplikację podstawową podczas przygotowania gleby. Na tym etapie należy również dodać materiały organiczne.

• Po posadzeniu (wczesny wzrost):

Pierwszą dawkę azotu należy zastosować około 4 tygodnie po posadzeniu, gdy rośliny już się zakorzenią i rozpoczną wzrost winorośli. Zachęca to do zdrowego wzrostu wegetatywnego bez powodowania nadmiernej produkcji liści, która mogłaby hamować rozwój bulw.

• Środkowy wzrost (formowanie bulw):

Pozostałe 50% azotu i potasu należy stosować na etapie inicjacji bulw (około 6-8 tygodni po posadzeniu). Zapewnia to odpowiednią dostępność składników odżywczych podczas pęcznienia bulw, co ma kluczowe znaczenie dla wysokich plonów i dobrej jakości.

4.13. Względy środowiskowe

Nadmierne stosowanie nawozów chemicznych może prowadzić do wypłukiwania składników odżywczych i spływu, co może zanieczyścić pobliskie zbiorniki wodne i pogorszyć jakość gleby. Aby złagodzić te zagrożenia:

> Przeprowadzić testy gleby, aby uniknąć nadmiernego stosowania.

> W miarę możliwości używaj nawozów o spowolnionym uwalnianiu.

> Wdrożenie płodozmianu i upraw współrzędnych w celu poprawy żyzności gleby i zmniejszenia presji szkodników.

4.14. System upraw

Systemy upraw odgrywają kluczową rolę w udanej uprawie słodkich ziemniaków o pomarańczowym miąższu (OFSP), wpływając na plony, zarządzanie szkodnikami i chorobami oraz zdrowie gleby. Włączenie OFSP do różnych systemów upraw zwiększa produktywność i zrównoważony rozwój, zwłaszcza w systemach rolniczych małych gospodarstw, w których optymalizacja zasobów ma kluczowe znaczenie.

Różne systemy upraw - monokultura, płodozmian, uprawa międzyplonowa, uprawa przekaźnikowa i agroleśnictwo - oferują różne korzyści i wyzwania dla produkcji OFSP. Wybór systemu zależy od wielkości gospodarstwa, dostępności zasobów i celów rolnika. Zintegrowane systemy, takie jak płodozmian i uprawa międzyplonowa, są generalnie bardziej zrównoważone, promując żyzność gleby, ochronę przed szkodnikami i lepsze plony przy jednoczesnym zmniejszeniu ryzyka degradacji środowiska.

4.14.1. System monokultury

Uprawa monokulturowa odnosi się do praktyki uprawy OFSP jako jedynej uprawy bez łączenia jej z innymi uprawami na tym samym polu.

Zalety:

> Łatwe w zarządzaniu, ponieważ całe pole ma tę samą uprawę z jednolitymi wzorcami wzrostu i potrzebami w zakresie zarządzania.

> Wyższe plony OFSP na jednostkę powierzchni, ponieważ nie ma konkurencji o przestrzeń lub składniki odżywcze z innymi uprawami.

Wady:

> Zwiększona podatność na szkodniki i choroby. Na przykład pola OFSP uprawiane rok po roku w tym samym miejscu mogą cierpieć na choroby przenoszone przez glebę, takie jak ryjkowiec ziemniaczany (Cylas puncticollis) i nicienie (Low i in., 2009).

> Zubożenie gleby w składniki odżywcze, zwłaszcza potas, ponieważ OFSP usuwa duże ilości składników odżywczych z gleby. Ciągłe uprawy monokulturowe mogą z czasem pogarszać żyzność gleby, chyba że stosuje się nawożenie i poprawki do gleby.

Uprawy monokulturowe są często praktykowane przez rolników komercyjnych dążących do maksymalizacji plonów na rynku, ale wymagają starannego zarządzania składnikami odżywczymi i zintegrowanych strategii ochrony przed szkodnikami (IPM), aby uniknąć problemów związanych z uprawami ciągłymi.

4.14.2. Rotacja upraw

Płodozmian to praktyka uprawy różnych roślin w sposób sekwencyjny na tym samym polu. OFSP można uprawiać w płodozmianie z roślinami strączkowymi, zbożami lub warzywami, aby poprawić stan gleby i zmniejszyć presję szkodników i chorób.

Korzyści z płodozmianu:

> Poprawa żyzności gleby: Rotacja OFSP z roślinami strączkowymi, takimi jak fasola lub cowpeas, pomaga wiązać azot atmosferyczny w glebie, zmniejszając zapotrzebowanie na syntetyczne nawozy azotowe w kolejnych uprawach (Carey & Gichuki, 1999).

> Zarządzanie szkodnikami i chorobami: Obracanie OFSP z uprawami niebędącymi żywicielami pomaga przerwać cykle szkodników i chorób. Na przykład rotacja OFSP z uprawami zbożowymi, takimi jak kukurydza, może zmniejszyć populację ryjkowców i nicieni, które rozwijają się, gdy OFSP jest stale uprawiana.

> Tłumienie chwastów: Niektóre uprawy płodozmianowe, szczególnie te, które rosną szybko i tworzą gęsty baldachim, mogą pomóc w tłumieniu wzrostu chwastów, zmniejszając potrzebę stosowania herbicydów.

4.14.3. Uprawa współrzędna

Uprawa współrzędna to jednoczesna uprawa dwóch lub więcej roślin na tym samym polu. OFSP jest często uprawiana razem z kukurydzą, maniokiem lub roślinami strączkowymi, co pozwala rolnikom na dywersyfikację produkcji i efektywne wykorzystanie dostępnych gruntów.

Zalety uprawy współrzędnej:

> Maksymalne wykorzystanie zasobów: Różne uprawy mają różną głębokość korzeni i strukturę korony, co pozwala im na bardziej efektywne wykorzystanie składników odżywczych gleby i światła słonecznego. Na przykład kukurydza rośnie wyżej i może przechwytywać światło słoneczne, które nie dociera do dolnej części winorośli OFSP (Tumwegamire i in., 2011).

> Zwiększona stabilność plonów: Uprawa współrzędna zmniejsza ryzyko całkowitego niepowodzenia uprawy, ponieważ różne uprawy różnie reagują na stresy środowiskowe, takie jak susza.

> Redukcja szkodników i chorób: Niektóre uprawy działają jako repelenty szkodników lub rośliny pułapkowe, zmniejszając częstość występowania szkodników w OFSP. Na przykład, uprawa OFSP z roślinami strączkowymi może zmniejszyć występowanie ryjkowca ziemniaczanego.

Wyzwania związane z uprawami współrzędnymi:

> Zarządzanie różnymi nawykami wzrostu i wymaganiami żywieniowymi wielu upraw może być bardziej pracochłonne w porównaniu do upraw monokulturowych.

> Konkurencja o wodę i składniki odżywcze między uprawami może czasami skutkować niższymi plonami, jeśli nie jest starannie zarządzana.

4.14.4. Uprawa przekaźnikowa

Uprawa sztafetowa to praktyka sadzenia drugiej uprawy na tym samym polu przed zbiorem pierwszej uprawy. OFSP może być uprawiana z szybko dojrzewającymi roślinami, takimi jak fasola lub warzywa liściaste.

Korzyści:

> Efektywne wykorzystanie gruntów: Uprawa sztafetowa pozwala na ciągłą produkcję, zapewniając, że ziemia nie leży odłogiem między cyklami upraw.

> Zrównoważony rozwój: Uprawa sztafetowa może poprawić pokrycie gleby, zmniejszając erozję i poprawiając materię organiczną gleby. Pozwala również na lepsze zarządzanie chwastami poprzez utrzymywanie gleby przez dłuższy czas (Gichuki i in., 2006).

4.14.5. System rolno-leśny

OFSP może być zintegrowany z systemami rolno-leśnymi, gdzie jest uprawiany obok drzew i krzewów. System ten zapewnia wiele korzyści, w tym cień, wiatrochrony i lepszy mikroklimat dla upraw.

Zalety:

> Zwiększona bioróżnorodność: Uprawa OFSP w systemach rolno-leśnych zwiększa bioróżnorodność, co może ograniczyć epidemie szkodników i promować pożyteczne organizmy.

> Zarządzanie żyznością gleby: Drzewa, takie jak rośliny strączkowe wiążące azot (np. Gliricidia sepium) w systemach rolno-leśnych, przyczyniają się do obiegu składników odżywczych w glebie, korzystnie wpływając na wzrost OFSP.

> Kontrola erozji: Systemy rolno-leśne pomagają w ograniczaniu erozji gleby na zboczach, gdzie powszechnie uprawia się OFSP, zapewniając stałą pokrywę roślinną (Rees i in., 2003).

Wyzwania:

> Konkurencja między OFSP a drzewami o wodę i składniki odżywcze może wystąpić, jeśli nie jest odpowiednio zarządzana. Przycinanie drzew i odpowiednie odstępy są niezbędne, aby zapewnić uprawom wystarczającą ilość światła i składników odżywczych.

ROZDZIAŁ 5

ZBIÓR I OBSŁUGA PO ZBIORACH

Zbiór słodkich ziemniaków o pomarańczowym miąższu (OFSP) wymaga starannej obsługi, aby zminimalizować uszkodzenia bulw i zapewnić wysoką jakość produktu. Proces ten wymaga znajomości właściwego czasu, zastosowania odpowiednich narzędzi i skutecznych technik, aby uniknąć obicia lub przecięcia delikatnych korzeni.

5.1. Określanie właściwego czasu zbiorów

Termin zbiorów: Termin zbioru ma kluczowe znaczenie dla zapewnienia zarówno ilości, jak i jakości bulw OFSP. Zwykle opiera się on na okresie dojrzałości zasadzonej odmiany, warunkach pogodowych i popycie rynkowym.

> Czas dojrzewania: Odmiany OFSP zazwyczaj dojrzewają w ciągu 3-4 miesięcy (90-120 dni) po posadzeniu, w zależności od warunków uprawy i odmiany. W tym momencie liście zaczynają żółknąć, wskazując, że bulwy osiągnęły swój pełny rozmiar.

> Stan gleby: Ważne jest, aby zbierać plony, gdy gleba nie jest ani zbyt sucha, ani zbyt mokra. Zbiór w suchych warunkach może spowodować, że gleba będzie twarda, co doprowadzi do urazów mechanicznych podczas podnoszenia bulw. Z kolei mokra gleba może powodować przywieranie grudek gleby do bulw, utrudniając ich czyszczenie i zwiększając ryzyko wystąpienia chorób po zbiorach.

> Warunki pogodowe: Zbiory najlepiej przeprowadzać w chłodnych porach dnia, np. wczesnym rankiem lub późnym popołudniem, aby zapobiec stresowi cieplnemu bulw i pracowników.

Minimalizacja strat po zbiorach

> Obsługa: Ze względu na cienką skórkę bulwy OFSP są podatne na obicia i uszkodzenia. Ostrożne obchodzenie się z bulwami podczas zbiorów zmniejsza ryzyko uszkodzeń fizycznych, które mogą prowadzić do ich zepsucia.

> Unikaj oparzeń słonecznych: Po zbiorach bulwy należy umieścić w zacienionych miejscach, aby zapobiec poparzeniom słonecznym, które mogą powodować pęknięcia skórki i skrócić okres przydatności do spożycia.

> Sortowanie: Uszkodzone lub chore bulwy powinny być oddzielone od zdrowych, aby zapobiec zanieczyszczeniu podczas przechowywania.

5.2. Techniki i narzędzia do zbiorów
5.2.1. Techniki zbiorów

> Zbiór ręczny: Pozostaje to najbardziej powszechną metodą, zwłaszcza w przypadku drobnych rolników. Proces ten polega na użyciu narzędzi ręcznych do delikatnego kopania wokół podstawy rośliny w celu podniesienia bulw. Zbiór ręczny jest często preferowany w przypadku delikatnych bulw, takich jak OFSP, ponieważ zmniejsza ryzyko ich uszkodzenia.

Procedura:

> Zacznij od spulchnienia gleby wokół podstawy rośliny, ostrożnie omijając bulwy.
> Delikatnie pociągnij winorośl i ręcznie podnieś bulwy z gleby.
> Bulwy należy umieszczać w zacienionych miejscach, aby uniknąć poparzeń słonecznych i ograniczyć nagrzewanie się pola.

> Zbiór mechaniczny: jest stosowany w większych gospodarstwach komercyjnych, gdzie czas i wydajność pracy mają kluczowe znaczenie. Specjalistyczne kombajny są zaprojektowane do kopania pod ziemią i podnoszenia bulw bez ich uszkadzania. Metody mechaniczne mogą jednak zwiększać ryzyko uszkodzenia bulw, jeśli nie są stosowane ostrożnie.

Procedura:

> Montowany na ciągniku kombajn wkopuje się w glebę na określoną głębokość i podnosi bulwy, oddzielając je jednocześnie od gleby.
> Następnie maszyna przenosi bulwy na powierzchnię, gdzie są one zbierane ręcznie lub za pomocą systemu przenośników w celu sortowania i pakowania.

> Metoda ta jest szybsza, ale wymaga wykwalifikowanych operatorów i dobrze utrzymanego sprzętu, aby uniknąć nadmiernego uszkodzenia bulw.

> Zbiór na miejscu: W niektórych przypadkach rolnicy zbierają bulwy OFSP w miarę upływu czasu, a nie wszystkie naraz. Metoda ta, znana jako zbiór in situ, polega na zbieraniu tylko dojrzałych bulw w razie potrzeby i pozostawianiu innych w ziemi w celu kontynuowania wzrostu. Zmniejsza to koszty przechowywania i wydłuża sezon zbiorów, ale wymaga starannego planowania, aby uniknąć zbyt długiego pozostawiania bulw w ziemi.

5.2.2. Narzędzia używane do zbioru OFSP

Wybór narzędzi do zbioru OFSP zależy od skali produkcji, rodzaju gleby i dostępnych zasobów. Typowe narzędzia obejmują:

Narzędzia ręczne:

> Widły do kopania: Najpopularniejsze narzędzie dla drobnych rolników uprawiających OFSP. Widły do kopania (znane również jako widły do ziemniaków lub widły łopatkowe) służą do spulchniania gleby wokół rośliny. Należy zachować ostrożność, aby uniknąć przebicia bulw.

> Maczety/noże: Są one używane do cięcia winorośli przed podniesieniem bulw.

> Motyki: Rolnicy używają motyk do ostrożnego kopania wokół podstawy rośliny, szczególnie na mniej zwartych glebach.

> Łopaty: Łopaty mogą być również używane do delikatnego podnoszenia gleby wokół rośliny w celu odsłonięcia bulw.

Narzędzia zmechanizowane:

> Kombajny do zbioru słodkich ziemniaków: W gospodarstwach komercyjnych do kopania w glebie i podnoszenia bulw wykorzystywane są kombajny montowane na ciągniku lub samobieżne. Niektóre z najpopularniejszych typów kombajnów do słodkich ziemniaków obejmują jednorzędowy kombajn do ziemniaków i dwurzędowy kombajn do ziemniaków. Maszyny te mają ostrza, które wcinają się w glebę pod bulwami, podnosząc je na przenośniki, które wynoszą je na powierzchnię.

> Systemy przenośników taśmowych: Taśmy te, przymocowane do mechanicznych kombajnów, przenoszą bulwy do stacji sortowania w celu natychmiastowego sortowania i pakowania.

5.3. Obsługa i przechowywanie po zbiorach

Peklowanie i właściwe przechowywanie są niezbędnymi krokami w utrzymaniu jakości, wydłużeniu okresu przydatności do spożycia i zapewnieniu wartości odżywczej słodkich ziemniaków o pomarańczowym miąższu (OFSP). Oto szczegółowy przewodnik po tych procesach:

5.3.1. Peklowanie słodkich ziemniaków o pomarańczowym miąższu

Peklowanie jest istotnym etapem bezpośrednio po zbiorze OFSP. Polega ono na stworzeniu warunków, które pozwalają na zagojenie się drobnych uszkodzeń skórki i wzmocnienie zewnętrznej skórki, zmniejszając utratę wilgoci i zwiększając odporność na choroby.

Dlaczego warto leczyć OFSP?

• Leczenie urazów: Podczas zbiorów bulwy OFSP często ulegają drobnym skaleczeniom i stłuczeniom. Utwardzanie pozwala na zagojenie się tych ran, zmniejszając ryzyko infekcji patogenami.

• Wydłużony okres trwałości: Utwardzanie tworzy barierę ochronną na skórze, znacznie wydłużając okres przechowywania.

• Zwiększona słodycz: Podczas utwardzania skrobia w bulwie przekształca się w cukry, poprawiając smak i słodycz.

Optymalne warunki utwardzania

• Temperatura: Idealna temperatura utwardzania dla OFSP wynosi między 27-32°C (80-90°F).

• Wilgotność względna: Wysoki poziom wilgotności 85-95% jest wymagany, aby zapobiec nadmiernej utracie wilgoci podczas gojenia się skóry.

• Czas trwania: Peklowanie trwa zazwyczaj od 4 do 7 dni, w zależności od temperatury i stanu słodkich ziemniaków.

Proces utwardzania

• Ostrożne zbiory: Należy unikać nadmiernego obicia i uszkodzeń podczas zbioru OFSP, stosując odpowiednie narzędzia i techniki.

• Obsługa przed suszeniem: Po zbiorze słodkie ziemniaki należy delikatnie ułożyć w dobrze wentylowanym miejscu, najlepiej w pomieszczeniu, i utrzymywać je w suchości.

• Kontrolowane środowisko: Słodkie ziemniaki należy przechowywać w kontrolowanym środowisku o odpowiedniej temperaturze i wilgotności przez cały okres dojrzewania.

• Codzienne monitorowanie: Codziennie sprawdzaj temperaturę i wilgotność oraz szukaj oznak gnicia lub zepsucia.

Na obszarach bez kontrolowanych obiektów, utwardzanie może odbywać się poprzez układanie bulw w zacienionych miejscach pokrytych słomą lub innymi oddychającymi materiałami lub przy użyciu wentylowanych skrzynek, aby zapewnić dobrą cyrkulację powietrza.

5.3.2. Przechowywanie słodkich ziemniaków o pomarańczowym miąższu

Po utwardzeniu bulwy OFSP muszą być przechowywane w odpowiednich warunkach, aby zmaksymalizować okres przydatności do spożycia i zachować jakość odżywczą, zwłaszcza wysoką zawartość beta-karotenu, która czyni je cennymi dla zdrowia.

Idealne warunki przechowywania

• Temperatura: Optymalna temperatura przechowywania wynosi około 12-15°C (55-59°F). Przechowywanie w temperaturze poniżej 10°C (50°F) może powodować uszkodzenia chłodnicze, prowadzące do powstawania twardych plam i gnicia.

• Wilgotność: Wilgotność względna powinna być utrzymywana na poziomie 85-90%, aby zapobiec nadmiernej utracie wilgoci, ale bez tworzenia warunków do gnicia.

• Wentylacja: Odpowiednia cyrkulacja powietrza ma kluczowe znaczenie dla uniknięcia gromadzenia się wilgoci, która może sprzyjać powstawaniu pleśni lub gniciu.

• Czas przechowywania: W idealnych warunkach OFSP może być przechowywany przez 4-7 miesięcy. Jednak przechowywanie po upływie tego okresu może prowadzić do pogorszenia smaku, tekstury i wartości odżywczych.

Metody przechowywania

• Tradycyjne przechowywanie: Na obszarach wiejskich słodkie ziemniaki są często przechowywane w dołach wyłożonych słomą lub liśćmi. Chociaż metody te są niedrogie, mogą być zawodne w utrzymaniu idealnej wilgotności i temperatury.

• Przechowywanie w skrzyniach lub na paletach: W regionach, w których możliwa jest kontrola temperatury, bardziej efektywne jest przechowywanie słodkich ziemniaków w wentylowanych skrzyniach lub na paletach w chłodnych pomieszczeniach.

• Specjalistyczne struktury magazynowe: Niektórzy rolnicy lub obiekty mogą inwestować w klimatyzowane magazyny, które oferują najlepsze warunki do długoterminowego przechowywania.

• Przechowywanie w domu: W przypadku gospodarstw domowych OFSP należy przechowywać w chłodnych, suchych i ciemnych miejscach, takich jak piwnice lub szafki, unikając miejsc narażonych na ekstremalne temperatury, takich jak w pobliżu grzejników lub lodówek.

Monitorowanie i konserwacja podczas przechowywania

• Regularna kontrola: Regularnie sprawdzaj przechowywane bulwy pod kątem oznak zepsucia, zgnilizny lub pleśni. Natychmiast usuwaj wszystkie porażone bulwy, aby zapobiec rozprzestrzenianiu się choroby.

• Unikać układania w stosy: Unikaj ścisłego układania bulw w stosy, aby umożliwić cyrkulację powietrza, zmniejszając ryzyko gromadzenia się wilgoci i gnicia.

Najczęstsze wyzwania związane z pamięcią masową

• Gnicie i próchnica: Nadmierna wilgoć lub słaba wentylacja mogą prowadzić do infekcji grzybiczych i gnicia.

• Kiełkowanie: Długotrwałe przechowywanie w ciepłych warunkach może powodować kiełkowanie, które obniża jakość bulw. Peklowanie pomaga zapobiegać kiełkowaniu, ale kontrola temperatury jest niezbędna.

•   Uszkodzenia chłodnicze: W przypadku przechowywania w temperaturze poniżej 10°C na OFSP mogą pojawić się twarde plamy, podatność na gnicie lub utrata smaku.

5.4. Rozwiązania w zakresie przechowywania OFSP w Nigerii

Skuteczne przechowywanie słodkich ziemniaków o pomarańczowym miąższu (OFSP) ma kluczowe znaczenie dla zminimalizowania strat po zbiorach i zapewnienia stałych dostaw przez cały rok, zwłaszcza poza sezonem. W Nigerii, podobnie jak w wielu innych częściach Afryki Subsaharyjskiej, złe warunki przechowywania mogą prowadzić do znacznych strat spowodowanych psuciem się, inwazją szkodników i zmniejszeniem masy spowodowanym utratą wilgoci. Kilka metod przechowywania zostało zaadaptowanych w celu poprawy trwałości OFSP w Nigerii.

Tradycyjne metody przechowywania

Większość drobnych rolników w Nigerii polega na tradycyjnych technikach przechowywania OFSP. Metody te są opłacalne, ale mają ograniczenia w zakresie długoterminowego przechowywania i ochrony przed szkodnikami.

> **Przechowywanie w terenie:**

Przechowywanie na miejscu polega na pozostawieniu bulw w ziemi po ich dojrzeniu. Rolnicy zbierają bulwy w miarę potrzeb do konsumpcji lub sprzedaży. Metoda ta zmniejsza zapotrzebowanie na zewnętrzne obiekty magazynowe, ale naraża bulwy na szkodniki (np. ryjkowce) i gnicie, zwłaszcza w porze deszczowej (Low i in., 2009).

Ograniczenia: Przechowywanie w polu może być praktykowane tylko przez krótki czas, a dłuższe okresy mogą skutkować pogorszeniem jakości bulw z powodu wahań wilgotności i uszkodzeń spowodowanych przez szkodniki.

> **Pamięć masowa:**

Przechowywanie w pryzmach to tradycyjna metoda, w której zebrane bulwy OFSP są układane w stosy w zacienionym miejscu, przykryte trawą lub innymi materiałami roślinnymi, aby chronić je przed bezpośrednim działaniem promieni słonecznych i deszczu.

Zalety: Metoda ta jest tania i szeroko stosowana na obszarach wiejskich Nigerii.

Wyzwania: Bulwy przechowywane w pryzmach są podatne na inwazje szkodników (zwłaszcza gryzoni), odwodnienie i infekcje grzybicze z powodu ograniczonego przepływu powietrza i słabej kontroli temperatury i wilgotności.

Ulepszone metody przechowywania

Aby zaradzić ograniczeniom tradycyjnych systemów przechowywania, naukowcy i agencje rozwoju promują ulepszone techniki przechowywania OFSP w Nigerii. Metody te mają na celu zmniejszenie strat po zbiorach, poprawę bezpieczeństwa żywnościowego i zapewnienie rolnikom możliwości przechowywania nadwyżek produktów na sprzedaż w okresach niedoboru.

> **Utwardzanie przed przechowywaniem**

Peklowanie jest kluczowym etapem w przygotowaniu bulw OFSP do długotrwałego przechowywania. Polega ono na wystawieniu zebranych bulw na działanie ciepłych, wilgotnych warunków (zazwyczaj 25-30°C i 85-90% wilgotności względnej) przez 4-7 dni (Rees i in., 2003). Peklowanie pomaga leczyć rany i nacięcia na bulwach, zmniejszając podatność na gnicie i gnicie podczas przechowywania.

Wpływ w Nigerii: Peklowanie było promowane jako skuteczna strategia ograniczania strat pozbiorczych w OFSP. Jednak stosowanie praktyk peklowania pozostaje ograniczone ze względu na brak świadomości i dostępu do odpowiednich urządzeń do peklowania.

> **Wentylowane łóżeczka dziecięce**

Wentylowane szopki do przechowywania stanowią ulepszenie w stosunku do tradycyjnego przechowywania w pryzmach. Szopki te są wykonane z lokalnie dostępnych materiałów, takich jak bambus lub drewno i są zaprojektowane tak, aby umożliwić przepływ powietrza wokół przechowywanych bulw. Szopki są wyniesione ponad ziemię, aby chronić bulwy przed wilgocią i szkodnikami.

Zalety: Wentylowane łóżeczka pozwalają na lepszą kontrolę temperatury i wilgotności, zmniejszając psucie się bulw i wydłużając okres przechowywania. Badania pokazują, że metoda ta może przechowywać OFSP przez 2-3 miesiące przy minimalnych stratach (Low et al., 2009).

Przyjęcie w Nigerii: Chociaż skuteczne, wykorzystanie wentylowanych łóżeczek jest nadal ograniczone wśród drobnych rolników ze względu na koszty i wymagania dotyczące pracy przy budowie.

> **Magazyn szybów**

W przypadku przechowywania w dołach, w ziemi wykopuje się płytki dół, w którym umieszcza się bulwy OFSP. Dół przykrywa się suchymi liśćmi, trawą lub ziemią, aby zapewnić izolację i zapobiec ekspozycji na światło słoneczne i deszcz.

Zalety: Metoda ta jest tania i może być łatwo zaadaptowana na obszarach wiejskich o ograniczonej infrastrukturze.

Wyzwania: Słaba wentylacja i ryzyko przenikania wody w porze deszczowej mogą prowadzić do szybkiego psucia się produktów i infekcji grzybiczych.

> **Magazynowanie piasku lub popiołu**

Przechowywanie bulw OFSP w suchym piasku lub popiele to kolejna tradycyjna technika, która pomaga zmniejszyć utratę wilgoci i ogranicza narażenie na szkodniki. Bulwy są zakopywane w warstwach piasku lub popiołu, które pochłaniają nadmiar wilgoci i tworzą barierę przed szkodnikami.

Skuteczność: Metoda ta jest bardziej skuteczna w suchszych regionach Nigerii, gdzie kontrola wilgotności ma kluczowe znaczenie dla zapobiegania gniciu (Rees i in., 2003). Jednak dostęp do wystarczających ilości suchego piasku lub popiołu może być ograniczeniem dla niektórych rolników.

> **Przechowywanie w chłodni**

Chłodnie są powszechnie stosowane w rolnictwie komercyjnym w celu przedłużenia okresu przydatności do spożycia łatwo psujących się upraw, takich jak OFSP. Jednak w Nigerii infrastruktura chłodnicza jest w dużej mierze słabo rozwinięta, szczególnie na obszarach wiejskich, gdzie dominują drobni rolnicy.

> **Chłodnia**

W ośrodkach miejskich i komercyjnych gospodarstwach rolnych, chłodnie są wykorzystywane do przechowywania OFSP w temperaturze 12-15°C, co pomaga zmniejszyć tempo oddychania i opóźnić kiełkowanie (Tumwegamire i in., 2011). Przechowywanie w chłodni pozwala zachować bulwy OFSP przez okres do 6 miesięcy.

Wyzwania w Nigerii: Wysoki koszt założenia i utrzymania chłodni, w połączeniu z niewiarygodnymi dostawami energii elektrycznej, ogranicza ich przyjęcie wśród drobnych rolników.

Zmodernizowane systemy pamięci masowej

Aby poprawić przechowywanie OFSP i zmniejszyć straty po zbiorach, różne inicjatywy wprowadziły zmodernizowane systemy przechowywania, które łączą tradycyjne metody z nowoczesną technologią.

> **Chłodnice wyparne**

Technologia chłodzenia wyparnego zapewnia tanią i energooszczędną metodę przechowywania OFSP na obszarach bez dostępu do energii elektrycznej. System wykorzystuje parowanie wody do chłodzenia środowiska przechowywania i utrzymywania stabilnego poziomu temperatury i wilgotności. W Nigerii w niektórych regionach do przechowywania łatwo psujących się upraw, w tym OFSP, wprowadzono gliniane chłodnice garnkowe, chłodnice na węgiel drzewny i ceglane chłodnice wyparne (Carey i in., 1999).

Wpływ: Chłodnice parowe mogą wydłużyć okres przydatności do spożycia bulw OFSP poprzez utrzymanie niższych temperatur i zmniejszenie utraty wilgoci.

> **Przechowywanie w hermetycznych pojemnikach**

Hermetyczne pojemniki, takie jak plastikowe torby lub hermetyczne torby do przechowywania, pomagają zachować OFSP poprzez ograniczenie wymiany powietrza i zmniejszenie ryzyka inwazji szkodników. Metoda ta jest coraz częściej promowana w Nigerii do przechowywania różnych upraw, w tym OFSP, ponieważ zapobiega dostępowi wołków i innych szkodników do bulw.

Skuteczność: Wykazano, że hermetyczne przechowywanie utrzymuje jakość OFSP przez kilka miesięcy, ale należy zadbać o to, aby bulwy były odpowiednio utwardzone przed umieszczeniem ich w pojemnikach, aby uniknąć gromadzenia się wilgoci i rozwoju grzybów.

ROZDZIAŁ 6

DODAWANIE WARTOŚCI I PRZETWARZANIE KORZENI OFSP

Dodawanie wartości i przetwarzanie korzenia słodkiego ziemniaka o pomarańczowym miąższu (OFSP) koncentruje się na przekształcaniu świeżych korzeni w różne produkty, które mają wyższą wartość rynkową, wydłużony okres przydatności do spożycia i zwiększoną zawartość składników odżywczych, szczególnie ze względu na wysoką zawartość beta-karotenu (prowitaminy A). Poniżej przedstawiono kluczowe obszary dodawania wartości i przetwarzania OFSP:

> **Świeża konsumpcja i pierwotne przetwarzanie**

> Świeże korzenie OFSP: Sprzedawane bezpośrednio na rynkach lub za pośrednictwem łańcuchów wartości, takich jak supermarkety. Właściwa obróbka po zbiorach, taka jak peklowanie i przechowywanie, pomaga utrzymać jakość i wydłużyć okres przydatności do spożycia.

> Gotowanie lub gotowanie na parze: Tradycyjna metoda przetwarzania korzeni OFSP do spożycia.

> Pieczenie i smażenie: Mogą być pieczone lub smażone w celu uzyskania produktów takich jak frytki lub chipsy ze słodkich ziemniaków.

> **Produkcja mąki**

> Mąka z OFSP: Korzenie mogą być suszone i mielone na mąkę, która ma wszechstronne zastosowanie. Mąka z OFSP jest bezglutenowa i bogata w witaminę A. Może być używana do pieczenia lub jako substytut mąki pszennej w różnych produktach spożywczych, takich jak chleb, naleśniki i ciasteczka.

> Proces produkcji: Korzenie są czyszczone, obierane, krojone w plastry, a następnie suszone (w suszarniach słonecznych lub mechanicznych). Po wysuszeniu plastry są mielone na drobną mąkę.

- Puree

> Przecier z OFSP: Główny produkt przetwórstwa OFSP, stosowany w wypiekach, żywności dla niemowląt i sosach. Przecier może być pakowany i sprzedawany w postaci świeżej lub mrożonej, z zastosowaniem do produkcji chleba, ciast, babeczek, pączków i innych wypieków.

>Proces produkcji: Korzenie są obierane, gotowane na parze lub w wodzie, a następnie blendowane do uzyskania gładkiej konsystencji. W celu wydłużenia okresu przydatności do spożycia można dodać dodatki, takie jak konserwanty.

- Produkty przekąskowe

> Chipsy i chrupki: OFSP mogą być przetwarzane na chipsy lub chrupki ze słodkich ziemniaków, podobne do konwencjonalnych chipsów ziemniaczanych. Są one aromatyzowane lub niearomatyzowane, w zależności od preferencji rynkowych.

>Proces produkcji: Obrane i cienko pokrojone korzenie są smażone w głębokim tłuszczu lub pieczone. W celu poprawy smaku można dodać przyprawy lub aromaty.

• **Wypieki**

> Chleb i wypieki na bazie OFSP: Przecier lub mąka z OFSP mogą być wykorzystywane do produkcji chleba, ciast, pączków i innych wypieków, stanowiąc bardziej pożywną alternatywę dla produktów na bazie pszenicy.

>Mieszanie z mąką pszenną: W przypadku produkcji chleba, mąka lub puree z OFSP są często mieszane z mąką pszenną w celu poprawy tekstury i jakości wypieku.

• **Żywność dla niemowląt**

> Żywność dla niemowląt z OFSP: Ze względu na wysoką zawartość składników odżywczych, zwłaszcza witaminy A, OFSP jest przetwarzany na produkty żywnościowe dla niemowląt, stanowiąc istotne źródło składników odżywczych dla dzieci.

>Proces produkcji: Korzenie są gotowane, przecierane i czasami łączone z innymi składnikami (np. ziarnami lub mlekiem) w celu uzyskania zbilansowanego posiłku dla niemowląt i małych dzieci.

• **Soki i napoje**

> Sok z OFSP: Korzenie mogą być przetwarzane na mieszanki soków, łączone z innymi owocami lub warzywami w celu poprawy smaku i wartości odżywczych.

>Napoje fermentowane: OFSP może być również wykorzystywany do produkcji napojów fermentowanych lub napojów alkoholowych, takich jak wino ze słodkich ziemniaków lub piwo.

• **Produkcja skrobi**

> skrobia OFSP: Skrobia wyekstrahowana z korzeni OFSP może być wykorzystywana w przemyśle spożywczym lub do produkcji biodegradowalnych tworzyw sztucznych, klejów lub jako środek zagęszczający w różnych zastosowaniach kulinarnych.

>Proces produkcji: Korzenie są tarte, a pulpa jest myta i przesiewana w celu ekstrakcji skrobi, która jest następnie suszona i pakowana do sprzedaży.

• **Pasza dla zwierząt**

> skórki korzeni OFSP i produkty uboczne: Po przetworzeniu korzeni, skórki i inne pozostałości mogą być wykorzystane jako pasza dla zwierząt. Te produkty uboczne są bogate w składniki odżywcze i pomagają zmniejszyć ilość odpadów.

- Pakowanie i marketing

> Innowacyjne opakowania: Odpowiednie opakowanie wydłuża okres przydatności do spożycia przetworzonych produktów OFSP. Pakowanie próżniowe, hermetyczne torby lub stosowanie konserwantów są niezbędne w przypadku produktów takich jak puree, mąka i przekąski.

- Wzbogacone produkty spożywcze

> OFSP jako środek wzmacniający: Ze względu na bogatą zawartość beta-karotenu, puree lub mąka OFSP mogą być dodawane do innych produktów spożywczych w celu zwiększenia ich wartości odżywczej, zwłaszcza w populacjach z niedoborem witaminy A.

Te różne formy dodawania wartości nie tylko zwiększają korzyści ekonomiczne dla rolników i przetwórców, ale także przyczyniają się do poprawy bezpieczeństwa żywnościowego i odżywiania, szczególnie w regionach, w których niedobór witaminy A jest problemem.

6.1. Sprzęt i technologia do przetwarzania OFSP

Przetwarzanie słodkich ziemniaków o pomarańczowym miąższu (OFSP) obejmuje różne etapy, od czyszczenia i obierania po przetwarzanie na produkty o wartości dodanej. Sprzęt i technologie stosowane w przetwórstwie OFSP mogą poprawić wydajność, jakość produktu i zmniejszyć straty po zbiorach. Poniżej przedstawiono kilka kluczowych technologii i powszechnie stosowanych urządzeń:

6.1.1. Sprzęt do obierania i mycia

Opis: Po zbiorach korzenie OFSP są zazwyczaj myte w celu usunięcia brudu i zanieczyszczeń. Zautomatyzowane maszyny do obierania są często używane do wydajnego obierania ziemniaków.

Przykład: Obrotowa myjka bębnowa i obieraczka do ziemniaków są powszechnie stosowane.

6.1.2. Maszyny do krojenia i rozdrabniania

Opis: Korzenie OFSP są krojone lub rozdrabniane w celu dalszego przetwarzania na produkty takie jak suszone chipsy, mąka lub przeciery. Zwykle odbywa się to za pomocą specjalistycznych krajalnic lub rozdrabniaczy.

Przykład: Krajalnice elektryczne lub ręczne z regulowanym rozmiarem ostrza.

6.1.3. Technologie suszenia

Opis: Suszenie jest kluczowym etapem przetwarzania OFSP w mąkę lub inne suche produkty. Technologie takie jak suszarki słoneczne, suszarki tunelowe lub suszarki mechaniczne mogą być wykorzystywane do osiągnięcia skutecznego suszenia.

Przykład: Suszenie słoneczne jest szeroko stosowane na obszarach wiejskich, podczas gdy suszenie mechaniczne (takie jak suszarki konwekcyjne) jest stosowane w przetwórstwie na większą skalę.

6.1.4. Frezarki

Opis: W przypadku produkcji mąki z OFSP, młynki mielą wysuszone plastry lub wiórki OFSP na mąkę. Typ młyna może być różny, w tym młyny młotkowe i młyny walcowe.

Przykład: Młyny młotkowe są powszechnie stosowane w przetwórstwie na małą i średnią skalę.

6.1.5. Sprzęt do przecierania i zacierania

Opis: Maszyny do przecierania są używane do produkcji przecieru OFSP, który może być stosowany w żywności dla niemowląt, chlebie i innych produktach. Przecier jest często stosowany jako substytut mąki pszennej w wypiekach.

Przykład: Duże zakłady przetwórcze stosują systemy ciągłego przecierania.

6.1.6. Technologia wytłaczania

Opis: Ekstruzja jest procesem stosowanym do produkcji gotowych do spożycia przekąsek i wzbogaconych produktów z OFSP. Technologia ta jest ważna przy opracowywaniu produktów wzbogaconych, takich jak płatki zbożowe lub chipsy na bazie OFSP.

Przykład: Wytłaczarki dwuślimakowe są szeroko stosowane w tym celu.

6.1.7. Urządzenia do pakowania i przechowywania

Opis: Po przetworzeniu produkty OFSP, takie jak mąka lub chipsy, wymagają odpowiedniego opakowania, aby zachować ich trwałość. Powszechnie stosowane są maszyny do pakowania próżniowego, zgrzewarki termiczne i materiały opakowaniowe odporne na wilgoć.

Przykład: Zgrzewarki próżniowe i folie barierowe pomagają wydłużyć okres przydatności do spożycia produktów OFSP.

6.2. Przetwarzanie OFSP na małą skalę i w przemyśle

Przetwarzanie słodkich ziemniaków o pomarańczowym miąższu (OFSP) może odbywać się na dwóch różnych poziomach: na małą skalę (często produkcja społeczna lub rzemieślnicza) i na skalę przemysłową (duże, komercyjne operacje). Oba poziomy przetwarzania mają na celu dodanie wartości do OFSP, zachowanie jego jakości odżywczej i zróżnicowanie jego zastosowań na rynku spożywczym. Poniżej znajduje się szczegółowe porównanie obu podejść, podkreślające sprzęt, procesy i wyzwania na każdym poziomie.

6.2.1. Przetwarzanie OFSP na małą skalę

Przetwarzanie na małą skalę jest zwykle zlokalizowane, przy minimalnych inwestycjach w zaawansowane maszyny. Dobrze nadaje się dla społeczności wiejskich lub małych przedsiębiorstw, których celem jest zwiększenie wartości OFSP.

Kluczowe cechy

Rynek docelowy: Rynki lokalne, gospodarstwa domowe, małe przedsiębiorstwa i sektory nieformalne.

Produkty przetwórstwa: Mąka z OFSP, puree, chipsy, tradycyjne przekąski, żywność dla niemowląt i żywność lokalna (np. chleb, owsianka).

Wielkość produkcji: Ograniczona produkcja, zazwyczaj na potrzeby dystrybucji na małą skalę lub lokalnej konsumpcji.

Używany sprzęt:

Ręczne obieranie i mycie: Powszechnie stosowane są proste narzędzia, takie jak noże i ręczne obieraczki. Do mycia, korzenie OFSP są często czyszczone przy użyciu zbiorników wodnych lub małych ręcznych myjek.

Ręczne krajalnice: Podstawowe krajalnice mechaniczne są używane do krojenia słodkich ziemniaków na cienkie plasterki do suszenia lub smażenia.

Suszarki słoneczne: Drobni przetwórcy często korzystają z suszarek słonecznych, aby zmniejszyć zawartość wilgoci w plastrach OFSP, ułatwiając ich przechowywanie lub mielenie na mąkę.

Małe młyny: Małe młyny młotkowe lub młyny produkowane lokalnie są wykorzystywane do produkcji mąki OFSP, która jest następnie sprzedawana na lokalnych rynkach lub wykorzystywana do produkcji wypieków, takich jak chleb.

Pakowanie ręczne lub na małą skalę: Ręczne metody pakowania, takie jak proste plastikowe torebki, są stosowane w przypadku produktów takich jak mąka, chipsy lub przekąski. Pakowanie próżniowe może być stosowane, jeśli jest dostępne.

Korzyści:

Niskie nakłady inwestycyjne: Przetwórstwo na małą skalę wymaga minimalnych inwestycji kapitałowych, dzięki czemu jest dostępne dla przedsiębiorców wiejskich i spółdzielni kobiet.

Tworzenie miejsc pracy: Tworzy lokalne miejsca pracy, zwłaszcza dla kobiet na obszarach wiejskich.

Rezonans kulturowy: Produkty mogą być dostosowane do lokalnych gustów i preferencji, takich jak tradycyjne potrawy z OFSP.

Wyzwania:

Ograniczony dostęp do technologii: Przetwórcy działający na małą skalę często napotykają trudności w dostępie do zaawansowanego sprzętu, co prowadzi do niższej wydajności i problemów z kontrolą jakości.

Niespójna jakość produktu: Ze względu na ręczne metody i ograniczoną kontrolę nad czynnikami takimi jak zawartość wilgoci, jakość produktu może być niespójna.

Ograniczony okres trwałości: Bez zaawansowanych technik konserwacji, takich jak odpowiednie suszenie lub pakowanie próżniowe, okres trwałości produktów jest krótszy.

Przykład:

W Nigerii drobni rolnicy przetwarzają OFSP na mąkę przy użyciu suszarek słonecznych i małych młynów młotkowych. Mąka jest następnie wykorzystywana do produkcji pożywnej owsianki, która jest sprzedawana lokalnie. Pomogło to poprawić bezpieczeństwo żywnościowe i lokalne dochody.

6.2.2. Przetwarzanie OFSP na skalę przemysłową

Przetwórstwo przemysłowe obejmuje większe, komercyjne operacje, które wykorzystują zaawansowaną technologię do przetwarzania OFSP w szeroką gamę wysokiej jakości produktów na rynki krajowe i międzynarodowe.

Kluczowe cechy:

Rynek docelowy: Supermarkety, duże firmy spożywcze, nabywcy instytucjonalni (np. programy dożywiania w szkołach) i rynki eksportowe.

Produkty przetwarzania: OFSP puree, mąka, chipsy, herbatniki, makaron, żywność dla niemowląt, napoje, gotowe do spożycia przekąski, produkty wzbogacone.

Wielkość produkcji: Produkcja na dużą skalę, z bardziej stałą jakością i możliwością zaspokojenia szerszych rynków.

Używany sprzęt:

Zautomatyzowane maszyny do mycia i obierania: Przetwórcy przemysłowi wykorzystują zautomatyzowane systemy, takie jak myjki obrotowe i obieraczki parowe lub ścierne do szybkiego i wydajnego czyszczenia i obierania dużych ilości korzeni OFSP (Musyoka, et al. 2021; Tewe & Ogunsola, 2019).

Mechaniczne krajalnice i rozdrabniacze: Szybkie mechaniczne krajalnice lub rozdrabniacze są używane do cięcia OFSP na jednolite kawałki do suszenia, smażenia lub pieczenia.

Suszarki konwekcyjne i liofilizatory: Przetwórcy przemysłowi mogą korzystać z suszarek mechanicznych, takich jak suszarki taśmowe, suszarki bębnowe lub urządzenia do liofilizacji, aby usunąć wilgoć z OFSP w celu wydłużenia okresu przydatności do spożycia (Low i in. 2020).

Młyny o dużej wydajności: Duże młyny młotkowe lub młyny walcowe są używane do przetwarzania OFSP na drobną mąkę do produktów takich jak chleb, makaron i żywność dla niemowląt (Akinola, et al. 2021).

Technologia ekstruzji: Ekstrudery są wykorzystywane do produkcji przekąsek i płatków śniadaniowych na bazie OFSP, w których ciasto jest przepychane przez maszynę w celu uzyskania dmuchanych lub kształtowanych produktów.

Linie do produkcji puree: Wielkoskalowe linie produkcyjne mogą w sposób ciągły przetwarzać OFSP na puree, które jest pakowane luzem lub w aseptycznych opakowaniach do stosowania w pieczeniu, żywności dla niemowląt lub produktach wzbogaconych (Nabubuya i in. 2019).

Zaawansowane maszyny pakujące: Zautomatyzowane linie pakujące, w tym zgrzewarki próżniowe, maszyny do napełniania saszetek i wielowarstwowe opakowania do produktów eksportowych, zapewniają długi okres przydatności do spożycia i utrzymują jakość produktu (Tumwegamire, et al. 2018; Andrade, et al. 2020).

Korzyści:

Stała jakość: Procesy przemysłowe są zautomatyzowane i ustandaryzowane, co zapewnia stałą jakość produktów.

Produkcja na dużą skalę: Potrafi sprostać wymaganiom dużych rynków, zarówno krajowych, jak i międzynarodowych.

Dywersyfikacja produktów: Przetwórcy przemysłowi mogą tworzyć szeroką gamę produktów o wartości dodanej, które zaspokajają różne potrzeby rynku (np. żywność dla niemowląt, przekąski, mąka i produkty wzbogacone).

Wydłużony okres trwałości: Dzięki zastosowaniu zaawansowanych technologii pakowania i suszenia, produkty mają dłuższy okres przydatności do spożycia, co umożliwia ich szerszą dystrybucję.

Wyzwania:

Wysokie inwestycje początkowe: Utworzenie zakładu przetwórstwa przemysłowego wymaga znacznych inwestycji kapitałowych w maszyny, urządzenia i systemy kontroli jakości.

Zarządzanie łańcuchem dostaw: Zapewnienie niezawodnych i stałych dostaw wysokiej jakości korzeni OFSP może stanowić wyzwanie, zwłaszcza w regionach o zmiennej wydajności rolnictwa.

Marketing i dystrybucja: Przetwórcy przemysłowi potrzebują silnych sieci marketingowych i dystrybucyjnych, aby zapewnić, że ich produkty dotrą na rynki docelowe, co może być kosztowne i złożone.

Przykład:

W Nigerii przetwórcy na dużą skalę, tacy jak Sahel Consulting i Alhamsad Foods oraz DADTCO PHILAFRICA, opracowali linie puree OFSP do stosowania w przemysłowych produktach piekarniczych i żywności dla niemowląt (Tewe i in. 2019). Firmy te wykorzystują zaawansowany technologicznie sprzęt do wytłaczania i suszenia do produkcji puree i mąki do stosowania w chlebie, herbatnikach i przekąskach.

6.3. Marketing i branding produktów OFSP

Marketing i branding produktów ze słodkich ziemniaków o pomarańczowym miąższu (OFSP) odgrywają kluczową rolę w zwiększaniu świadomości konsumentów, popytu i wartości rynkowej. Skuteczne strategie marketingowe powinny podkreślać wyjątkowe korzyści odżywcze, w szczególności wysoką zawartość witaminy A, jednocześnie pozycjonując produkty OFSP jako wszechstronne, zdrowe i niedrogie wybory żywieniowe. Poniżej przedstawiono kluczowe elementy skutecznego marketingu i budowania marki produktów OFSP:

6.3.1. Podkreślanie korzyści odżywczych

Zawartość witaminy A: OFSP jest bogata w beta-karoten, który organizm przekształca w witaminę A, co czyni ją idealną żywnością do zwalczania niedoboru witaminy A, szczególnie w populacjach wrażliwych. Działania marketingowe powinny podkreślać tę korzyść zdrowotną.

Strategia marketingowa: Opracowanie kampanii marketingowych ukierunkowanych na zdrowie, które podkreślają, w jaki sposób OFSP może rozwiązać kwestie zdrowia publicznego, takie jak niedożywienie i zdrowie oczu.

Przykład: W Ugandzie kampania "Witamina A dla wszystkich" podkreślała rolę OFSP w poprawie zdrowia dzieci, co znacznie zwiększyło popyt na produkty z OFSP.

6.3.2. Tworzenie tożsamości marki

Nazwa marki i opakowanie: Nazwa, logo i opakowanie produktów OFSP powinny odzwierciedlać wartość odżywczą produktu, lokalne dziedzictwo i wszechstronność. Używanie żywych kolorów, takich jak pomarańczowy i zielony, może reprezentować zdrowie i witalność.

Przykład: Marka "VitaSweet", opracowana w Kenii, koncentrowała się na zawartości witaminy A i zawierała dynamiczne logo przedstawiające jasny pomarańczowy i zielony kolor, aby zasygnalizować świeżość i wartości odżywcze (Namanda i in. 2018).

6.3.3. Ukierunkowane wiadomości do różnych segmentów konsumentów

Grupa docelowa: Strategia marketingowa powinna dostosowywać komunikaty do różnych grup, takich jak matki dożywiające dzieci, osoby dbające o zdrowie i gospodarstwa domowe o niskich dochodach poszukujące niedrogich, pożywnych opcji żywnościowych.

Komunikaty dla rynków miejskich: Na rynkach miejskich branding może kłaść nacisk na wygodę i pozycjonowanie produktów premium, takich jak "wykwintne puree ze słodkich ziemniaków" lub "zdrowe chipsy przekąskowe".

Przykład: W Nigerii chleb i przekąski z OFSP były sprzedawane matkom jako zdrowa alternatywa dla szkolnych obiadów dla dzieci, przy użyciu sloganów takich jak "Chleb witaminowy, którego potrzebują Twoje dzieci". (Adekanye, et al. 2021)

6.3.4. Dywersyfikacja produktów

Produkty o wartości dodanej: OFSP można przetwarzać na różne produkty, takie jak mąka, puree, chipsy, przekąski i żywność dla niemowląt. Oferowanie szerokiej gamy produktów może pomóc w dotarciu do różnych preferencji konsumentów.

Przykład: Przekąski, chleb i mąka na bazie słodkich ziemniaków są z powodzeniem sprzedawane zarówno na obszarach wiejskich, jak i miejskich w krajach takich jak Uganda i Tanzania (Tumwegamire i in. 2017).

6.3.5. Wykorzystanie lokalnej kultury i dziedzictwa

Opowiadanie historii: Skuteczny branding produktów OFSP może obejmować narracje na temat lokalnych tradycji rolniczych, roli wiedzy tubylczej w uprawie oraz wzmocnienia pozycji drobnych producentów rolnych, zwłaszcza kobiet.

Rezonans kulturowy: Powiązanie produktów OFSP z tradycyjną kulturą żywności może zwiększyć ich akceptację i zbywalność. Na przykład, pozycjonowanie OFSP jako nowoczesnej adaptacji tradycyjnych produktów podstawowych zwiększa ich znaczenie.

Przykład: W Ghanie strategia brandingowa obejmowała historie o tym, jak lokalne rolniczki wykorzystują OFSP do karmienia swoich rodzin i społeczności, promując zarówno zdrowie, jak i wzmocnienie pozycji płci (Abidin i in. 2018).

6.3.6. Marketing cyfrowy i media społecznościowe

Kampanie w mediach społecznościowych: Platformy takie jak Facebook, Instagram i X (dawniej Twitter) mogą być wykorzystywane do budowania świadomości i społeczności wokół produktów OFSP. Angażujące treści, takie jak przepisy, filmy kulinarne i opinie użytkowników mogą zwiększyć widoczność.

Influencer Marketing: Współpraca z blogerami kulinarnymi, dietetykami i lokalnymi szefami kuchni może jeszcze bardziej zwiększyć atrakcyjność produktu, pokazując jego wszechstronność w różnych potrawach.

Przykład: W Kenii kampania na Instagramie prowadzona przez lokalnych szefów kuchni zawierała kreatywne przepisy z wykorzystaniem OFSP, przyciągając młodszych, świadomych zdrowotnie konsumentów miejskich (Mbabazi, 2020).

6.3.7. Budowanie partnerstw i współpracy

Partnerstwo z organizacjami ochrony zdrowia: Współpraca z instytucjami zdrowia publicznego lub organizacjami pozarządowymi może pomóc w pozycjonowaniu OFSP jako części szerszej inicjatywy żywieniowej, co może zwiększyć zaufanie do produktu i promować jego powszechne stosowanie.

Programy dożywiania w szkołach: Włączenie OFSP do szkolnych programów żywieniowych pomaga zwiększyć świadomość wśród dzieci i rodziców.

Przykład: TechnoServe współpracował z rolnikami w Nigerii w celu promowania OFSP w szkolnych programach żywieniowych, co pomogło zwiększyć widoczność upraw i stworzyć popyt na produkty przetworzone, takie jak chleb i puree z OFSP (Okello i in. 2019).

6.3.8. Zrównoważony rozwój i etyczny branding

Wpływ na środowisko i społeczeństwo: Podkreślanie zrównoważonego charakteru uprawy OFSP - takich jak niskie wymagania dotyczące nakładów, tolerancja na suszę i korzyści dla drobnych rolników - może być potężnym narzędziem brandingowym.

Sprawiedliwy handel i certyfikacja ekologiczna: Jeśli ma to zastosowanie, pozycjonowanie produktów OFSP jako ekologicznych, niemodyfikowanych genetycznie lub pochodzących ze sprawiedliwego handlu może być atrakcyjne dla konsumentów kierujących się względami etycznymi.

Przykład: "Green Roots Sweetpotato Flour" w Tanzanii została oznaczona jako produkt sprawiedliwego handlu wspierający lokalnych rolników i chroniący bioróżnorodność (Amagloh i in. 2020).

ROZDZIAŁ 7

DYNAMIKA RYNKU OFSP I ŁAŃCUCH WARTOŚCI W NIGERII

7.1. Przegląd dynamiki rynku OFSP

7.1.1. Strona podaży:

Podaż OFSP w Nigerii jest w dużej mierze napędzana przez drobnych rolników, z których wielu zajmuje się rolnictwem zasilanym deszczem. Według Międzynarodowego Centrum Ziemniaka (2021), produktywność OFSP podlega wahaniom sezonowym, ale inicjatywy mające na celu poprawę dystrybucji nasion i praktyk agronomicznych poprawiły plony na niektórych obszarach.

- Systemy nasienne: Jednym z kluczowych czynników wpływających na produkcję OFSP jest dostęp do wysokiej jakości winorośli. Formalny system nasienny jest słabo rozwinięty, a rolnicy często polegają na systemach nieformalnych lub wymianie winorośli między rolnikami.

7.1.2. Strona popytu:

Popyt na OFSP jest napędzany zarówno przez świadomość żywieniową, jak i czynniki ekonomiczne. Programy rządowe i organizacje pozarządowe zajmujące się żywieniem aktywnie promują konsumpcję OFSP, szczególnie w regionach o wysokim niedoborze witaminy A. Konsumenci miejscy i przetwórcy żywności są coraz bardziej zainteresowani OFSP ze względu na jego korzyści zdrowotne, co prowadzi do rosnącego popytu na rynkach miejskich.

Według Międzynarodowego Instytutu Badań nad Polityką Żywnościową (IFPRI) (2019) spożycie OFSP jest zróżnicowane - wykorzystywane w bezpośrednim spożyciu jako produkty gotowane lub smażone oraz w formach przetworzonych, takich jak mąka OFSP, która jest coraz częściej wykorzystywana w przemyśle piekarniczym do wypieku chleba, ciast i ciastek.

7.1.3. Dynamika cen:

Ceny OFSP mają tendencję do sezonowych wahań, z wyższymi cenami w porze suchej, kiedy produkcja jest niższa. Na rynek wpływają również wyzwania związane z transportem i przechowywaniem, ponieważ słodkie ziemniaki łatwo się psują i wymagają ostrożnego obchodzenia się z nimi, aby uniknąć strat po zbiorach. Wysiłki mające na celu poprawę technologii przechowywania, takie jak wprowadzenie ulepszonych metod peklowania, stopniowo stabilizują ceny.

7.1.4. Rozmieszczenie geograficzne:

Produkcja koncentruje się w niektórych regionach Nigerii, takich jak północno-środkowa i południowo-zachodnia część kraju (Federalne Ministerstwo Rolnictwa i Rozwoju Obszarów Wiejskich (FMARD), (2022). Stany takie jak Benue, Nasarawa i Kwara są kluczowymi producentami OFSP. Obszary te korzystają ze stosunkowo korzystnych warunków klimatycznych i projektów rozwoju rolnictwa skoncentrowanych na uprawach roślin okopowych i bulwiastych.

7.2. Analiza łańcucha wartości

Łańcuch wartości OFSP w Nigerii obejmuje kilka kluczowych etapów, od produkcji do konsumpcji, z różnymi podmiotami zaangażowanymi na każdym etapie:

7.2.1. Zasilanie wejściowe:

Rolnicy polegają zarówno na formalnych, jak i nieformalnych źródłach materiałów do sadzenia (winorośli). Organizacje takie jak CIP, we współpracy z FMARD, promują dystrybucję ulepszonych odmian OFSP za pośrednictwem mnożników winorośli.

7.2.2. Produkcja:

Drobni rolnicy dominują w produkcji. Ograniczony dostęp do finansowania, ulepszonych technologii i usług doradczych to główne wyzwania na tym etapie. Rolnikom uprawiającym OFSP często brakuje wiedzy technicznej wymaganej do optymalizacji plonów, choć programy szkoleniowe są rozszerzane.

7.2.3. Przetwarzanie:

Przetwarzanie OFSP na mąkę, chipsy i inne produkty jest rozwijającym się sektorem, a małe i średnie przedsiębiorstwa (MŚP) coraz częściej dostrzegają jego potencjał rynkowy. Mąka z OFSP jest używana jako alternatywa dla mąki pszennej w piekarnictwie, co ma wpływ na zmniejszenie zależności Nigerii od importu pszenicy.

Przetwarzanie jest jednak utrudnione przez nieodpowiednią infrastrukturę, taką jak słaby dostęp do energii i zakładów przetwórczych, szczególnie na obszarach wiejskich.

7.2.4. Marketing i dystrybucja:

Kanały marketingowe obejmują zarówno lokalne rynki wiejskie, jak i miejskich sprzedawców detalicznych. Rolnicy często polegają na pośrednikach, co prowadzi do zmniejszenia marży zysku. Aby temu przeciwdziałać, niektóre spółdzielnie zaczęły angażować się w sprzedaż bezpośrednią konsumentom i przetwórcom, zapewniając rolnikom lepsze ceny.

Popyt w miastach rośnie, szczególnie w miastach takich jak Lagos, Abudża i Port Harcourt, napędzany rosnącą popularnością żywności biofortyfikowanej.

7.2.5. Zużycie:

OFSP jest spożywany zarówno na obszarach wiejskich, jak i miejskich, choć jego atrakcyjność na rynkach miejskich rośnie ze względu na korzyści zdrowotne. W regionach wiejskich służy zarówno jako uprawa zapewniająca bezpieczeństwo żywnościowe, jak i źródło dochodu. Na obszarach miejskich produkty na bazie OFSP zyskują na popularności, zwłaszcza jako przetworzona żywność, taka jak chleb i przekąski.

7.3. Możliwości na rynku OFSP

Odżywianie i zdrowie:

OFSP oferuje znaczące możliwości poprawy żywienia i zwalczania niedoboru witaminy A. Jest to szczególnie korzystne dla dzieci poniżej piątego roku życia i kobiet w ciąży, u których niedobór witaminy A może prowadzić do poważnych problemów zdrowotnych.

Zastosowania przemysłowe:

Wykorzystanie OFSP w przetworzonej żywności, takiej jak mąka, oferuje potencjalną drogę do zastąpienia importu w przemyśle mąki pszennej. Mogłoby to zmniejszyć zależność Nigerii od importu pszenicy i stymulować lokalną wartość dodaną w sektorze rolno-spożywczym.

Potencjał eksportowy:

Wraz ze wzrostem globalnego popytu na zdrową i biofortyfikowaną żywność, Nigeria może eksportować OFSP i produkty oparte na OFSP. Można również zbadać handel regionalny w Afryce Zachodniej, ponieważ sąsiednie kraje stoją przed podobnymi wyzwaniami żywieniowymi.

Rynek OFSP w Nigerii ma znaczny potencjał w zakresie poprawy zarówno żywienia, jak i źródeł utrzymania, ale stoi przed wyzwaniami związanymi z infrastrukturą, finansowaniem i świadomością. Dzięki zwiększonym inwestycjom w przetwarzanie, przechowywanie i powiązania rynkowe, łańcuch wartości OFSP może stać się istotną częścią nigeryjskiego sektora rolnego.

7.4. Wyzwania stojące przed łańcuchem wartości OFSP

7.4.1. Straty po zbiorach:

Poważnym wyzwaniem w łańcuchu wartości OFSP są straty po zbiorach, które mogą sięgać nawet 30-40% z powodu słabych warunków przechowywania i transportu. Podejmowane są wysiłki w celu poprawy technologii przechowywania, takich jak ulepszone utwardzanie i przechowywanie w chłodni.

7.4.2. Brak świadomości:

Podczas gdy świadomość korzyści żywieniowych OFSP rośnie, pozostaje ona niska na niektórych obszarach. Konieczne są ciągłe kampanie edukacyjne i promocyjne w celu dalszego stymulowania popytu i zwiększenia konsumpcji, zwłaszcza wśród ludności wiejskiej.

7.4.3. Finansowanie i inwestycje:

Dostęp do finansowania dla rolników i przetwórców OFSP jest ograniczony. Banki komercyjne i instytucje mikrofinansowe często niechętnie udzielają pożyczek sektorowi rolnemu, szczególnie w przypadku łatwo psujących się upraw, takich jak słodkie ziemniaki. Istnieje zapotrzebowanie na ukierunkowane produkty finansowe i zachęty rządowe do wspierania inwestycji w OFSP.

7.5. Wartość dodana i lokalne przetwarzanie

Dodawanie wartości i przetwarzanie słodkich ziemniaków o pomarańczowym miąższu (OFSP) obejmuje różne podejścia, które zwiększają ich trwałość, wartość odżywczą i zbywalność. Jako bogate źródło beta-karotenu (prowitaminy A), OFSP ma szczególne znaczenie w zwalczaniu niedoboru witaminy A w Afryce Subsaharyjskiej. Tworząc produkty o wartości dodanej, OFSP można przekształcić w różnorodne produkty konsumpcyjne i nieżywnościowe, przynosząc korzyści ekonomiczne lokalnym rolnikom i przetwórcom. Oto kilka kluczowych metod dodawania wartości i przetwarzania:

7.5.1. Przetwarzanie OFSP na mąkę

Mąka z OFSP jest jednym z najpopularniejszych produktów o wartości dodanej. Słodkie ziemniaki są myte, obierane, krojone w plastry, suszone (na słońcu lub mechanicznie) i mielone na mąkę. Mąka ta może być stosowana w różnych produktach spożywczych, takich jak chleb, owsianka, ciasta oraz jako zagęszczacz do zup i sosów. Mąka wydłuża okres przydatności do spożycia OFSP i ułatwia jego włączenie do różnych systemów żywnościowych (Low, & Van Jaarsveld, 2008).

7.5.2. Chipsy i chrupki OFSP

OFSP można przetwarzać na chipsy i chrupki, które są bardzo popularnymi przekąskami. Proces ten obejmuje krojenie bulw, smażenie lub pieczenie oraz przyprawianie w celu poprawy smaku. Produkty te mogą być pakowane i sprzedawane zarówno na rynkach lokalnych, jak i międzynarodowych (Tomlins i in. 2007).

7.5.3. Sok i przecier z OFSP

OFSP jest przetwarzany na sok i przecier, które mogą być stosowane w żywności dla niemowląt, koktajlach i jako baza do innych napojów. Przecier jest szczególnie cenny w przypadku żywności dla niemowląt ze względu na wysoką zawartość składników odżywczych i potencjał integracji ze zdrowymi produktami spożywczymi (Truong i in. 2018).

7.5.4. Chleb i wypieki z OFSP

Pieczenie chleba i innych produktów (np. ciastek, ciast) z mąki lub przecieru OFSP wzbogaca produkt spożywczy w beta-karoten. Zastępuje również mąkę pszenną, co jest ważne w regionach, w których pszenica nie jest podstawą, zmniejszając zależność od importowanej pszenicy (Kapinga i in. 1995).

7.5.5. Makaron z OFSP

OFSP może być wykorzystywany do produkcji klusek i makaronów, często poprzez mieszanie go z mąką pszenną lub ryżową. Te produkty o wartości dodanej zaspokajają popyt na zdrowsze alternatywy dla tradycyjnego makaronu poprzez wzbogacenie ich profilu odżywczego o beta-karoten (Bovell-Benjamin, 2007).

7.5.6. Pasza dla zwierząt gospodarskich na bazie OFSP

Produkty uboczne przetwarzania OFSP, takie jak skórki i winorośl, mogą być wykorzystywane do produkcji wysokobiałkowej i włóknistej paszy dla zwierząt gospodarskich. Zapewnia to minimalną ilość odpadów i zapewnia dodatkowy strumień dochodów dla rolników zaangażowanych w produkcję OFSP (Ziska, et al. 2009).

7.5.7. Produkcja skrobi OFSP

Skrobia OFSP jest ekstrahowana i wykorzystywana w przemyśle spożywczym jako środek zagęszczający lub w produkcji biodegradowalnych materiałów opakowaniowych. Przetwarzanie skrobi obejmuje czyszczenie, obieranie, tarcie i ekstrakcję skrobi poprzez filtrację i suszenie (Nuwamanya i in., 2011).

7.5.8. OFSP w wyrobach cukierniczych

OFSP można włączyć do wyrobów cukierniczych, takich jak słodycze i produkty słodzone. Jego naturalna słodycz i żywy kolor przemawiają do konsumentów, a wysoka zawartość składników odżywczych dodaje wartości tym tradycyjnie mniej pożywnym produktom (Tomlins i in., 2007).

Różnorodne sposoby przetwarzania i dodawania wartości do OFSP nie tylko zwiększają jego atrakcyjność rynkową, ale także poprawiają jego korzyści odżywcze, szczególnie w zakresie niedoboru witaminy A. Metody te oferują również znaczące możliwości ekonomiczne, zwłaszcza dla drobnych rolników w krajach rozwijających się, poprzez rozszerzenie zakresu produktów pochodnych OFSP dostępnych na rynku.

ROZDZIAŁ 8

OFSP I BEZPIECZEŃSTWO ŻYWNOŚCIOWE W NIGERII

Wprowadzenie słodkich ziemniaków o pomarańczowym miąższu (OFSP) w Nigerii ma znaczący potencjał w zakresie poprawy bezpieczeństwa żywnościowego, żywienia i źródeł utrzymania na obszarach wiejskich. OFSP, bogaty w beta-karoten (prekursor witaminy A), przeciwdziała zarówno głodowi, jak i niedoborom mikroelementów, w szczególności niedoborowi witaminy A (VAD), który jest powszechny wśród wrażliwych populacji, takich jak dzieci i kobiety w ciąży.

8.1. Wpływ na odżywianie

OFSP jest uprawą biofortyfikowaną, która zwalcza VAD, główny problem zdrowia publicznego w Nigerii. Według Międzynarodowego Centrum Ziemniaka (CIP), około 30% nigeryjskich dzieci poniżej piątego roku życia cierpi na VAD, co prowadzi do upośledzenia układu odpornościowego, problemów ze wzrokiem i zwiększonego ryzyka śmiertelności (Low i in., 2020). Zawartość beta-karotenu w OFSP zapewnia niezbędny składnik odżywczy do zmniejszenia VAD, poprawiając w ten sposób ogólny stan zdrowia i wyniki żywieniowe.

Wysoka zawartość witaminy A w OFSP sprawia, że jest to strategiczna uprawa w walce z niedożywieniem, szczególnie w społecznościach wiejskich, gdzie dostęp do zróżnicowanej i bogatej w składniki odżywcze żywności jest ograniczony. Badanie przeprowadzone przez inicjatywę HarvestPlus wykazało, że codzienne spożywanie OFSP może zaspokoić zapotrzebowanie dzieci i kobiet w ciąży na witaminę A, przyczyniając się do lepszych wyników zdrowotnych i rozwoju (HarvestPlus, 2019).

Słodki ziemniak o pomarańczowym miąższu (OFSP) jest znaczącą uprawą biofortyfikowaną, która przyczynia się do poprawy stanu odżywienia milionów Nigeryjczyków, zwłaszcza wśród wrażliwych populacji, takich jak dzieci i kobiety w ciąży. OFSP jest bogaty w beta-karoten, prekursor witaminy A, która jest niezbędna dla funkcji odpornościowych, wzroku i ogólnego stanu zdrowia. W kraju takim jak Nigeria, gdzie niedobór witaminy A (VAD) jest powszechnym problemem, OFSP stanowi zrównoważone i niedrogie źródło tego ważnego składnika odżywczego.

8.1.1. Zwalczanie niedoboru witaminy A (VAD)

Niedobór witaminy A jest poważnym problemem zdrowia publicznego w Nigerii, szczególnie wśród dzieci poniżej piątego roku życia i kobiet w ciąży. Według UNICEF (2018), VAD jest odpowiedzialny za różne komplikacje zdrowotne, takie jak zaburzenia widzenia (ślepota nocna), zwiększona podatność na infekcje, a w ciężkich przypadkach śmierć. Wprowadzenie OFSP pomaga rozwiązać te kwestie ze względu na wysoką zawartość beta-karotenu, który organizm przekształca w witaminę A.

Badanie przeprowadzone przez Low et al. (2017) wykazało, że dzieci, które regularnie spożywały OFSP doświadczyły znacznej poprawy statusu witaminy A, zmniejszając ryzyko VAD. Badanie wykazało, że zaledwie 100 gramów gotowanej OFSP może zapewnić ponad 100% dziennego zapotrzebowania na witaminę A dla dzieci poniżej piątego roku życia. Sprawia to, że OFSP jest niezbędną rośliną uprawną do poprawy dobrostanu żywieniowego dzieci zarówno na obszarach wiejskich, jak i miejskich w Nigerii.

8.1.2. Poprawa zdrowia matki i dziecka

Korzyści żywieniowe OFSP rozciągają się na kobiety w ciąży i karmiące, grupę wysoce podatną na VAD ze względu na ich zwiększone potrzeby żywieniowe. Witamina A odgrywa kluczową rolę w zdrowiu matki, zapewniając prawidłowy rozwój płodu, wzmacniając funkcje odpornościowe i zmniejszając śmiertelność matek. Spożycie OFSP wśród kobiet w ciąży wiąże się z lepszymi wynikami zdrowotnymi matek, w tym lepszą masą urodzeniową i zwiększoną odpornością, co ma kluczowe znaczenie zarówno dla matki, jak i dziecka (HarvestPlus, 2019).

Co więcej, OFSP jest coraz częściej włączany do programów żywienia uzupełniającego niemowląt i małych dzieci w Nigerii. Jest to szczególnie ważne w zmniejszaniu niedożywienia dzieci, które pozostaje poważnym wyzwaniem w tym kraju. Żywność wzbogacona OFSP dostarcza niezbędnych składników odżywczych, przyczyniając się do rozwoju poznawczego i zmniejszając zahamowanie wzrostu u dzieci (Muzhingi i in., 2016).

8.1.3. Zwiększenie bezpieczeństwa żywieniowego

W regionach, w których dostęp do różnorodnej żywności o dużej zawartości składników odżywczych jest ograniczony, zwłaszcza na obszarach wiejskich Nigerii, OFSP stanowi niedrogie i lokalnie dostępne źródło niezbędnych składników odżywczych. Pomaga urozmaicić dietę, która składa się głównie z produktów skrobiowych, takich jak maniok i kukurydza, w których brakuje niezbędnych witamin i minerałów. Włączając OFSP do codziennych posiłków, gospodarstwa domowe mogą poprawić ogólną jakość diety bez ponoszenia znacznych dodatkowych kosztów.

Inicjatywa HarvestPlus, we współpracy z Międzynarodowym Centrum Ziemniaka (CIP), promuje konsumpcję OFSP w Nigerii poprzez kampanie uświadamiające i programy szkoleniowe skierowane do rolników, kobiet i pracowników służby zdrowia (HarvestPlus, 2019). Wysiłki te mają kluczowe znaczenie dla zwiększenia akceptacji i przyjęcia OFSP jako podstawowej żywności, która wspiera bezpieczeństwo żywieniowe.

8.1.4. Potencjał łagodzenia ukrytego głodu

Ukryty głód, spowodowany niedoborami mikroelementów, takich jak witamina A, cynk i żelazo, dotyka dużą część populacji Nigerii, nawet wśród tych, którzy mają dostęp do odpowiedniego spożycia kalorii. OFSP rozwiązuje ten problem, zapewniając znaczące źródło beta-karotenu, który może pomóc złagodzić skutki ukrytego głodu. Badania wskazują, że strategie biofortyfikacji, takie jak wprowadzenie OFSP, mogą skutecznie zmniejszyć niedobory mikroelementów, poprawiając w ten sposób ogólny stan zdrowia społeczności w Nigerii (Low i in., 2020).

8.2. Wzmocnienie pozycji ekonomicznej

Poza korzyściami żywieniowymi, OFSP oferuje korzyści ekonomiczne dla drobnych rolników i przetwórców. Rolnictwo Nigerii jest zdominowane przez drobnych rolników, którzy polegają na podstawowych uprawach w celu zapewnienia sobie środków do życia. Zdolność OFSP do przystosowania się do różnych stref agroekologicznych w Nigerii sprawia, że jest to opłacalna uprawa dla rolników wiejskich, oferująca zarówno bezpieczeństwo żywnościowe, jak i dochodowe. Rolnicy mogą ją uprawiać w ciągu 3-4 miesięcy, co umożliwia szybkie zbiory i stały dochód (Sanginga, 2015). Ponadto łańcuch wartości słodkich ziemniaków, w tym przetwarzanie na mąkę, puree i inne produkty, stwarza możliwości ekonomiczne dla rolników, przetwórców i handlowców. Integracja OFSP z przemysłem spożywczym - takim jak chleb, herbatniki i żywność dla niemowląt - zwiększyła popyt rynkowy, zwiększając dochody wiejskich gospodarstw domowych (Tomlins i in., 2019).

Słodki ziemniak o pomarańczowym miąższu (OFSP) ma potencjał do generowania znaczących korzyści ekonomicznych dla Nigerii, w szczególności poprzez poprawę warunków życia drobnych rolników, tworzenie możliwości zatrudnienia w sektorze agrobiznesu i przyczynianie się do rozwoju gospodarczego obszarów wiejskich. Zdolność adaptacji uprawy do różnych stref agroekologicznych, w połączeniu z jej wysoką wartością odżywczą, czyni ją cennym atutem dla poprawy bezpieczeństwa żywnościowego i zwiększenia dochodów.

8.2.1. Generowanie dochodu dla drobnych producentów rolnych

Sektor rolniczy Nigerii składa się głównie z drobnych rolników, którzy opierają swoje źródła utrzymania na podstawowych uprawach. Uprawa OFSP oferuje rolnikom niezawodne źródło dochodu ze względu na krótki okres dojrzewania (3-4 miesiące) i odporność w różnych strefach agroekologicznych. Według badań przeprowadzonych przez Mwanga i in. (2017), drobni rolnicy w regionach, w których promowano OFSP, odnotowali wzrost dochodów zarówno ze sprzedaży świeżych korzeni, jak i produktów o wartości dodanej.

Uprawa OFSP jest ekonomicznie opłacalna ze względu na wysoki potencjał plonów w porównaniu z innymi odmianami słodkich ziemniaków. Na przykład badanie przeprowadzone przez HarvestPlus w Nigerii wykazało, że rolnicy uprawiający OFSP osiągnęli lepsze zyski finansowe niż ci uprawiający słodkie ziemniaki o białym miąższu ze względu na wyższy popyt rynkowy na korzyści odżywcze OFSP (HarvestPlus, 2019). Ponadto OFSP ma niski koszt nakładów, co czyni go atrakcyjną uprawą dla rolników o niskich dochodach, którzy mogą nie mieć dostępu do drogich nawozów lub pestycydów.

8.2.2. Możliwości tworzenia wartości dodanej i agrobiznesu

Łańcuch wartości OFSP wykracza poza rolnictwo, oferując liczne możliwości przetwarzania i marketingu. Słodkie ziemniaki mogą być przetwarzane na szeroką gamę produktów, w tym mąkę, puree, frytki i wypieki, które mogą być sprzedawane na rynkach lokalnych i regionalnych. Te produkty o wartości dodanej osiągają wyższe ceny i mogą zapewnić dodatkowe źródła dochodu dla rolników i przedsiębiorców.

W Nigerii integracja OFSP z przemysłem spożywczym spowodowała wzrost produkcji produktów opartych na OFSP, takich jak chleb, herbatniki i żywność dla niemowląt. Sektor przetwórstwa spożywczego przyjął OFSP jako opłacalny i pożywny składnik, przyczyniając się do dywersyfikacji produktów rolnych i tworząc nowe miejsca pracy w sektorach przetwórstwa, pakowania i handlu detalicznego (Tomlins i in., 2019).

Rosnąca popularność OFSP pobudziła również popyt w przemyśle piekarniczym, zwłaszcza w produkcji chleba, ponieważ przecier z OFSP jest stosowany jako substytut mąki pszennej. Może to potencjalnie zmniejszyć zależność Nigerii od importu pszenicy, oszczędzając walutę obcą i pobudzając lokalną gospodarkę (Maziya-Dixon i in., 2018).

8.2.3. Tworzenie miejsc pracy na obszarach wiejskich

OFSP przyczynia się do rozwoju gospodarczego obszarów wiejskich poprzez generowanie możliwości zatrudnienia w różnych segmentach łańcucha wartości. Oprócz pracy w gospodarstwach rolnych, tworzone są miejsca pracy w przetwórstwie, transporcie, pakowaniu i sprzedaży detalicznej. Małe zakłady przetwórstwa mąki i puree z OFSP zapewniają możliwości zatrudnienia dla kobiet i młodzieży wiejskiej, wzmacniając ich pozycję ekonomiczną i przyczyniając się do zmniejszenia ubóstwa (Sanginga, 2015).

Utworzenie spółdzielni dla rolników i przetwórców OFSP ułatwiło również dostęp do kredytów, rynków i szkoleń. Spółdzielnie te umożliwiają rolnikom zwiększenie skali produkcji i poprawę ich siły przetargowej podczas negocjowania cen, co prowadzi do poprawy warunków życia i odporności ekonomicznej (HarvestPlus, 2019).

8.2.4. Popyt rynkowy i potencjał eksportowy

Rosnąca świadomość korzyści żywieniowych OFSP napędza popyt krajowy, szczególnie na obszarach miejskich, gdzie konsumenci są coraz bardziej świadomi kwestii zdrowotnych. Otworzyło to nowe możliwości rynkowe dla rolników, zwłaszcza w regionach położonych w pobliżu dużych miast. OFSP zyskuje również popularność w programach dożywiania w szkołach, które mają na celu poprawę żywienia dzieci, zapewniając jednocześnie stabilne rynki zbytu dla lokalnych rolników.

Podczas gdy rynek eksportowy OFSP wciąż znajduje się w początkowej fazie rozwoju, Nigeria może stać się regionalnym eksporterem produktów OFSP, szczególnie do sąsiednich krajów Afryki Zachodniej, gdzie rośnie popyt na biofortyfikowane uprawy. Mogłoby to poprawić bilans handlu rolnego Nigerii i zapewnić dodatkowe dochody dla gospodarki (FAO, 2020).

8.2.5. Wsparcie rządowe i polityczne

Rząd Nigerii, we współpracy z organizacjami międzynarodowymi, takimi jak Organizacja Narodów Zjednoczonych do spraw Wyżywienia i Rolnictwa (FAO) oraz Międzynarodowe Centrum Ziemniaka (CIP), zainicjował programy promujące uprawę i przetwarzanie OFSP. Programy te mają na celu zwiększenie dostępu rolników do ulepszonych materiałów nasadzeniowych, zapewnienie szkoleń w zakresie praktyk agronomicznych i ułatwienie dostępu do rynków (Low i in., 2020).

Włączenie OFSP do krajowych polityk bezpieczeństwa żywnościowego dodatkowo podkreśla jego znaczenie gospodarcze. Na przykład, OFSP został uwzględniony w Agendzie Transformacji Rolnictwa (ATA), która ma na celu zwiększenie wydajności rolnictwa, poprawę bezpieczeństwa żywnościowego i zmniejszenie ubóstwa poprzez wspieranie uprawy roślin o dużej zawartości składników odżywczych (Sanginga, 2015).

8.3. Bezpieczeństwo żywnościowe i odporność

OFSP jest odporną rośliną uprawną, która może rozwijać się w trudnych warunkach, wytrzymując suszę i słabe warunki glebowe, co czyni ją idealną dla regionów podatnych na zmienność klimatu, takich jak północna Nigeria. Jego krótki cykl wzrostu i wysoki potencjał plonów przyczyniają się do bezpieczeństwa żywnościowego, zapewniając stabilne i zrównoważone źródło żywności, nawet w okresach niedoboru żywności (Mwanga i in., 2017).

Dodatkowo, włączenie OFSP do zintegrowanych systemów rolniczych wspiera dywersyfikację żywności, zmniejszając zależność od zbóż i innych podstawowych upraw wrażliwych na zmiany klimatu. Zwiększając zarówno różnorodność diety, jak i zrównoważony rozwój rolnictwa, OFSP przyczynia się do budowania odpornych systemów rolniczych w Nigerii (Andrade i in., 2009).

Słodkie ziemniaki o pomarańczowym miąższu (OFSP) odgrywają kluczową rolę w zwiększaniu bezpieczeństwa żywnościowego i budowaniu odporności w Nigerii. Kraj ten stoi w obliczu licznych wyzwań, w tym niedożywienia, ubóstwa i zmian klimatycznych, które wpływają na źródła utrzymania milionów ludzi, szczególnie na obszarach wiejskich. OFSP to biofortyfikowana roślina bogata w beta-karoten, dzięki czemu jest cennym źródłem witaminy A i ważnym elementem strategii mających na celu walkę z głodem i niedożywieniem. Jego odporność na różne środowiskowe czynniki stresogenne sprawia, że jest to również kluczowa uprawa zwiększająca zrównoważony rozwój rolnictwa.

8.3.1. Bezpieczeństwo żywieniowe

Wysoka zawartość beta-karotenu w OFSP znacząco przyczynia się do zmniejszenia niedoboru witaminy A (VAD), który jest poważnym problemem zdrowotnym w Nigerii, zwłaszcza wśród dzieci i kobiet w ciąży. Według UNICEF, VAD dotyka około 30% nigeryjskich dzieci poniżej piątego roku życia, prowadząc do upośledzenia wzroku, wyższego ryzyka infekcji i zwiększonej śmiertelności (UNICEF, 2018). Spożycie OFSP zapewnia zrównoważone i niedrogie źródło witaminy A, pomagając złagodzić te zagrożenia dla zdrowia i poprawić wyniki żywieniowe w słabszych populacjach (HarvestPlus, 2019).

Korzyści odżywcze OFSP przyczyniają się do poprawy bezpieczeństwa żywnościowego gospodarstw domowych poprzez dywersyfikację diety, która tradycyjnie zależy od mniej pożywnych podstawowych upraw, takich jak maniok, ignam i kukurydza. Promując przyjęcie OFSP, wiejskie gospodarstwa domowe mogą zapewnić bardziej zrównoważoną i bogatą w składniki odżywcze dietę, co ma kluczowe znaczenie dla rozwiązania problemu "ukrytego głodu" - braku niezbędnych mikroelementów w diecie (Low i in., 2020).

8.3.2. Odporność na zmiany klimatu i zdolność adaptacji

OFSP jest rośliną odporną na warunki klimatyczne, która może rozwijać się w różnych warunkach środowiskowych, w tym na ubogich glebach i podczas suszy. To sprawia, że jest to idealna uprawa dla Nigerii, gdzie zmiany klimatyczne i nieregularne wzorce pogodowe negatywnie wpłynęły na wydajność rolnictwa. Wykazano, że OFSP jest odporny na suszę lepiej niż inne uprawy, zapewniając stabilne źródło żywności nawet w regionach podatnych na okresy suszy i nieregularne opady deszczu (Mwanga i in., 2017).

Włączając OFSP do systemów rolniczych, drobni rolnicy mogą zwiększyć swoją odporność na wstrząsy klimatyczne. Krótki cykl wzrostu (3-4 miesiące) pozwala na szybkie zbiory, co jest korzystne w czasach niedoborów żywności. Pomaga to rolnikom utrzymać dostępność żywności przez cały rok, szczególnie w okresach, gdy inne uprawy mogą zawieść (Sanginga, 2015). Dodatkowo, wysoki potencjał plonów OFSP z hektara przyczynia się do maksymalizacji wydajności na ograniczonych gruntach, co jest szczególnie ważne na obszarach gęsto zaludnionych lub o ograniczonych zasobach.

8.3.3. Bezpieczeństwo żywnościowe dzięki dywersyfikacji upraw

Włączenie OFSP do drobnych systemów rolniczych w Nigerii wspiera dywersyfikację rolnictwa, która ma kluczowe znaczenie dla poprawy bezpieczeństwa żywnościowego. Dywersyfikacja upraw zmniejsza ryzyko związane z poleganiem na jednej podstawowej uprawie, zwłaszcza w kontekście zmienności klimatu i epidemii szkodników. Uprawiając OFSP obok innych podstawowych upraw, rolnicy mogą zmniejszyć swoją podatność na awarie upraw i zapewnić bardziej stabilne i niezawodne dostawy żywności (Tomlins i in., 2019).

Ponadto OFSP przyczynia się do poprawy zrównoważonego rozwoju rolnictwa poprzez poprawę stanu gleby. Jego uprawa pomaga w utrzymaniu żyzności gleby i zapobieganiu erozji gleby, szczególnie w regionach, w których inne uprawy mogą wyczerpać składniki odżywcze z gleby. Ten aspekt zrównoważonego rozwoju ma kluczowe znaczenie dla długoterminowego bezpieczeństwa żywnościowego w Nigerii, gdzie degradacja gleby jest coraz większym problemem (Mwanga i in., 2017).

8.3.4. Wkład w dochód gospodarstwa domowego i odporność ekonomiczna

Rola OFSP w bezpieczeństwie żywnościowym wykracza poza korzyści żywieniowe i rolnicze, obejmując jego wpływ ekonomiczny na źródła utrzymania na obszarach wiejskich. Jako uprawa gotówkowa, OFSP zapewnia możliwości generowania dochodu dla drobnych rolników i przetwórców, poprawiając ich odporność finansową. Badania pokazują, że rolnicy, którzy uprawiają OFSP wraz z innymi uprawami, doświadczają wyższych ogólnych dochodów ze względu na rosnący popyt na OFSP na lokalnych rynkach (HarvestPlus, 2019).

Rozwój łańcuchów wartości opartych na OFSP, takich jak przetwarzanie na mąkę, puree, chipsy i inne produkty, stwarza dalsze możliwości gospodarcze. Te przetworzone produkty mogą być sprzedawane po wyższych cenach, zwiększając dochody gospodarstw domowych i przyczyniając się do odporności ekonomicznej. Ponadto integracja OFSP z rynkami instytucjonalnymi, takimi jak programy żywienia w szkołach i systemy zamówień publicznych, zapewnia stabilny popyt na uprawy, zapewniając rolnikom wiejskim stały dochód (FAO, 2020).

8.3.5. Integracja z programami rządowymi i rozwojowymi

Rząd Nigerii, we współpracy z organizacjami międzynarodowymi, takimi jak Międzynarodowe Centrum Ziemniaka (CIP) i USAID, uznał znaczenie OFSP dla osiągnięcia bezpieczeństwa żywnościowego i poprawy odporności. Wysiłki te są częścią szerszych inicjatyw mających na celu promowanie upraw biofortyfikowanych i walkę z niedożywieniem. Programy rządowe wspierające przyjęcie OFSP obejmują zapewnienie rolnikom dostępu do ulepszonych materiałów do sadzenia, oferowanie szkoleń agronomicznych i ułatwianie dostępu do rynków (Low i in., 2020).

Włączenie OFSP do programów dożywiania w szkołach pokazuje również jego potencjał w zakresie poprawy stanu odżywienia dzieci w wieku szkolnym, zapewniając jednocześnie stały rynek zbytu dla lokalnych rolników. Ta integracja z polityką zdrowia publicznego i polityką rolną podkreśla rolę OFSP w przyczynianiu się zarówno do krótkoterminowego bezpieczeństwa żywnościowego, jak i długoterminowej odporności rolnictwa.

8.4. Wsparcie rządowe i polityczne

Rząd Nigerii, wraz z organizacjami międzynarodowymi i partnerami rozwojowymi, uznał znaczenie upraw biofortyfikowanych, takich jak słodki ziemniak o miąższu pomarańczowym (OFSP), w rozwiązywaniu wyzwań związanych z bezpieczeństwem żywnościowym i żywieniem kraju. Rządowe wsparcie dla produkcji OFSP znajduje odzwierciedlenie w polityce rolnej, programach rozwojowych i współpracy mającej na celu zwiększenie produktywności, poprawę żywienia i zwiększenie odporności drobnych rolników.

8.4.1. Włączenie do krajowej polityki rolnej

OFSP został zintegrowany z krajowymi ramami rolnymi Nigerii, mającymi na celu zwiększenie produkcji żywności, poprawę żywienia i zmniejszenie ubóstwa. Jedną z najbardziej znaczących polityk jest Agenda Transformacji Rolnictwa (ATA), uruchomiona przez Federalne Ministerstwo Rolnictwa i Rozwoju Obszarów Wiejskich. ATA kładzie nacisk na dywersyfikację sektora rolnego Nigerii i promocję upraw o dużej zawartości składników odżywczych, w tym odmian biofortyfikowanych, takich jak OFSP. Wspierając OFSP, ATA ma na celu poprawę zarówno bezpieczeństwa żywnościowego, jak i źródeł utrzymania drobnych rolników (FMARD, 2015).

Dodatkowo, Polityka Promocji Rolnictwa (APP), powszechnie określana jako "Zielona Alternatywa", która została uruchomiona w 2016 roku, opiera się na fundamencie ATA. Polityka ta ma na celu zwiększenie produkcji upraw o wysokiej zawartości składników odżywczych, zmniejszenie strat po zbiorach i wspieranie rozwoju łańcucha wartości. OFSP jest kluczową uprawą promowaną w ramach tej inicjatywy, a polityka zachęca do zwiększonego dostępu do ulepszonych materiałów nasadzeniowych i wspiera tworzenie przemysłu przetwórczego w celu zwiększenia wartości dodanej (Federalne Ministerstwo Rolnictwa i Rozwoju Obszarów Wiejskich, 2016).

8.4.2. Współpraca z organizacjami międzynarodowymi

Rząd Nigerii nawiązał współpracę z różnymi organizacjami międzynarodowymi w celu promowania produkcji OFSP, w tym z Międzynarodowym Centrum Ziemniaka (CIP), HarvestPlus oraz Organizacją Narodów Zjednoczonych do spraw Wyżywienia i Rolnictwa (FAO). Współpraca ta koncentrowała się na dystrybucji ulepszonych odmian OFSP, szkoleniu rolników i rozwoju łańcuchów wartości w celu zapewnienia zrównoważonej produkcji i dostępu do rynku.

Na przykład program HarvestPlus odegrał kluczową rolę w promowaniu OFSP w ramach strategii biofortyfikacji Nigerii. Program zapewnia wsparcie techniczne i finansowe dla produkcji i rozpowszechniania winorośli OFSP, zapewniając rolnikom dostęp do wysokowydajnych, odpornych na suszę i odpornych na choroby odmian (HarvestPlus, 2019). Partnerstwo między rządem a HarvestPlus pomogło również w podnoszeniu świadomości na temat korzyści żywieniowych OFSP poprzez kampanie społeczne i edukacyjne.

Międzynarodowe Centrum Ziemniaka (CIP) również wsparło rząd Nigerii, prowadząc badania w celu opracowania nowych odmian OFSP, które są dostosowane do różnych stref agroekologicznych. Praca CIP w Nigerii obejmuje inicjatywy budowania potencjału dla agentów i rolników, koncentrując się na najlepszych praktykach w zakresie uprawy OFSP, zarządzania szkodnikami i chorobami oraz postępowania po zbiorach (Mwanga i in., 2017).

8.4.3. Wsparcie dla OFSP w programach żywieniowych

OFSP odgrywa istotną rolę w rządowych wysiłkach na rzecz walki z niedożywieniem, zwłaszcza niedoborem witaminy A, który dotyka miliony dzieci i kobiet w ciąży w Nigerii. Programy rządowe, takie jak Home-Grown School Feeding Program (HGSF), który jest częścią szerszej inicjatywy inwestycji społecznych w tym kraju, włączyły OFSP do posiłków szkolnych w celu poprawy stanu odżywienia dzieci w wieku szkolnym. W ten sposób rząd nie tylko walczy z niedożywieniem, ale także tworzy stabilne rynki dla lokalnych rolników uprawiających OFSP (FMARD, 2018).

Wsparcie rządu Nigerii dla OFSP w programach wrażliwych na odżywianie jest zgodne z Narodową Polityką Żywności i Żywienia (2016-2025), która podkreśla potrzebę upraw biofortyfikowanych w celu zwalczania ukrytego głodu. Polityka promuje przyjęcie OFSP jako opłacalnego rozwiązania poprawiającego jakość diety wrażliwych populacji, zwłaszcza na obszarach wiejskich (National Planning Commission, 2016).

8.4.4. Dostęp do ulepszonych materiałów do sadzenia

Kluczowym obszarem wsparcia rządowego dla produkcji OFSP jest dystrybucja wysokiej jakości materiału nasadzeniowego. Za pośrednictwem National Root Crops Research Institute (NRCRI), rząd współpracuje z CIP i innymi partnerami w celu opracowania i rozpowszechniania ulepszonych odmian OFSP, które są dostosowane do zróżnicowanych stref agroekologicznych Nigerii. Odmiany te są wybierane ze względu na wysoką zawartość beta-karotenu, odporność na szkodniki i choroby oraz zdolność do rozwoju na obszarach podatnych na suszę (NRCRI, 2017).

Rząd wspierał również tworzenie ośrodków rozmnażania winorośli, które zapewniają rolnikom stały dostęp do certyfikowanych materiałów do sadzenia OFSP. System ten pomaga poprawić plony i zwiększa produktywność drobnych rolników, przyczyniając się do zwiększenia bezpieczeństwa żywnościowego i dochodów gospodarstw domowych (FMARD, 2015).

8.4.5. Rozwój rynku i wsparcie łańcucha wartości

Rząd Nigerii wdrożył politykę wspierającą rozwój rynku i integrację łańcucha wartości dla OFSP. Promując przetwarzanie OFSP w produkty o wartości dodanej, takie jak puree, mąka i chipsy, rząd zachęca do rozwoju agrobiznesu, który może wykorzystać rosnący popyt na produkty oparte na OFSP. Stwarza to możliwości generowania dochodów, tworzenia miejsc pracy i rozwoju gospodarczego obszarów wiejskich.

Inicjatywy rządowe mają również na celu połączenie producentów OFSP z rynkami instytucjonalnymi, takimi jak szkoły, szpitale i publiczne programy zamówień żywności. Ten rozwój rynku ma kluczowe znaczenie dla zapewnienia stabilnego popytu na OFSP i wspierania długoterminowej stabilności dla rolników uprawiających tę roślinę (Sanginga, 2015).

Dodatkowo, program Anchor Borrowers Banku Centralnego Nigerii zapewnił wsparcie finansowe rolnikom OFSP, umożliwiając im dostęp do kredytów, zakup środków produkcji i zwiększenie produkcji. Program łączy drobnych rolników z przetwórcami i nabywcami, zapewniając im niezawodny rynek zbytu dla ich produktów i zmniejszając straty po zbiorach (CBN, 2020).

OFSP odgrywa kluczową rolę w rozwiązywaniu problemu braku bezpieczeństwa żywnościowego i żywieniowego w Nigerii. Jego biofortyfikacja beta-karotenem, potencjał ekonomiczny dla drobnych rolników i odporność na zmiany klimatu sprawiają, że jest to strategiczna uprawa zapewniająca bezpieczeństwo żywnościowe. Promując jego uprawę i konsumpcję, Nigeria może poczynić znaczne postępy w zmniejszaniu niedożywienia, zwiększaniu dochodów na obszarach wiejskich i osiąganiu zrównoważonych systemów żywnościowych.

ODNIESIENIA

Abidin, P.E., Manfred, T., & Gomez, L.R. (2018). Rola brandingu w promowaniu konsumpcji słodkich ziemniaków o pomarańczowym miąższu w Afryce Subsaharyjskiej. African Journal of Agricultural and Resource Economics. DOI:10.4314/afjare. v13i2.2.

Adekanye, T.A., Yusuf, S.A., Okojie, L.O., & Adeola, A.O. (2021). Świadomość konsumentów i akceptacja produktów ze słodkich ziemniaków o pomarańczowym miąższu w Nigerii. African Journal of Food, Agriculture, Nutrition, and Development. DOI:10.18697/ajfand.98.19.12344

Ado, S. G., Sanusi, M. S., & Aliyu, A. (2019). Produkcja i produktywność słodkich ziemniaków w Nigerii: Perspektywy i wyzwania. Journal of Agricultural Science and Practice, 4(2), 5664.

Akinola, R., Pereira, L., Roba,H., &Sitas, N. (2021). Technologie przetwarzania słodkich ziemniaków o pomarańczowym miąższu na potrzeby żywienia i rozwoju gospodarczego w Afryce. Journal of Food Processing and Preservation. DOI:10.1111/jfpp.15783

Amagloh, F. K., Weber, J.L., Brough, LL., Mutukumira, A.N., Hardacre, A., & Coad, J. (2020). Zrównoważony rozwój i pozycjonowanie na rynku produktów ze słodkich ziemniaków o pomarańczowym miąższu. Zrównoważony rozwój. DOI:10.3390/su12212346.

Andrade, M., Barker, I., Dapaah, H., Elliott, H., Fuentes, S., Gruneberg, W., Mwanga, R. (2009). Unleashing the potential of Sweetpotato in Sub-Saharan Africa: Current challenges and way forward.

Bouis, H.E., i Islam, Y. (2012). Biofortyfikacja: Leveraging Agriculture to Reduce Hidden Hunger. Food Security 5(5),631-640.

Bovell-Benjamin, A.C. (2007). Sweetpotato: A review of its past, present, and future role in human nutrition. Advances in Food and Nutrition Research, 52, 1-59.

Carey, E. E., & Gichuki, S. T. (1999). Sweet Potato in Africa: Improving the Livelihoods of Farmers in Drought-Prone Areas of Kenya. International Potato Center

Carey. E.E., Gichuki, S.T., Ndolo, P.J., Tana, P., &Lung'Aho, M..G. (2019). Słodki ziemniak w Afryce Subsaharyjskiej. In The Sweetpotato (s. 611-648). Springer, Cham.

CBN (2020). Program kredytobiorców kotwicowych. Bank Centralny Nigerii. Retrieved from http://www.cbn.gov.ng

Organizacja Narodów Zjednoczonych do spraw Wyżywienia i Rolnictwa. (2020). Promowanie przyjęcia upraw biofortyfikowanych w Afryce Zachodniej: Przypadek słodkich ziemniaków o pomarańczowym miąższu w Nigerii. Retrieved from http://www.fao.org

Federalne Ministerstwo Rolnictwa i Rozwoju Obszarów Wiejskich (FMARD). (2022). Polityka upraw korzeni i bulw: Łańcuch wartości słodkich ziemniaków o pomarańczowym miąższu. Nigeria.

Federalne Ministerstwo Rolnictwa i Rozwoju Obszarów Wiejskich, 2020 r.

Federalne Ministerstwo Rolnictwa i Rozwoju Obszarów Wiejskich. (2015). Agenda Transformacji Rolnictwa: Będziemy rozwijać sektor rolny Nigerii. FMARD.

Federalne Ministerstwo Rolnictwa i Rozwoju Obszarów Wiejskich. (2016). Polityka Promocji Rolnictwa (2016-2020): Zielona Alternatywa. FMARD.

Federalne Ministerstwo Rolnictwa i Rozwoju Obszarów Wiejskich. (2018). Home Grown School Feeding Program: Wzmocnienie żywności i żywienia poprzez lokalne zamówienia. FMARD.

Organizacja Narodów Zjednoczonych do spraw Wyżywienia i Rolnictwa. (2021). OFSP w Nigerii: Poprawa żywienia poprzez rolnictwo. (https://www.fao.org).

Organizacja Narodów Zjednoczonych do spraw Wyżywienia i Rolnictwa (FAO) (2016). Stan żywności i rolnictwa 2016: Zmiany klimatu, rolnictwo i bezpieczeństwo żywnościowe

Gibson, R.W.,Mwanga, R.O.M., Namanda, S., Jeremiah. S.C., & Barker, I. (2009). Sweetpotato Seed System in Sub-Saharan Africa. Proceedings of the International Workshop on Sweetpotato Seed Systems in Sub-Saharan Africa, 2-3. Międzynarodowe Centrum Ziemniaka (CIP), Nairobi, Kenia.

Gichuki, S., Carey, E., Mwanga, R., &Turyamureeba, G. (2006). Sweet Potato Breeding for Eastern and Southern Africa. International Potato Center.

Haque, M. S., Shakil, M. H., & Rahman, M. M. (2014). Fertilizer Management in Sweet Potato

(Ipomoea batatas L.) Production: A Review. Bangladesh Journal of Agricultural Research, 39(1), 1-12

Harper, C.L., & Biles, J.J. (2019). Żywność, rolnictwo i zrównoważony rozwój środowiska. Routledge.

HarvestPlus Nigeria. (2020). Promowanie OFSP w celu zwalczania niedoboru witaminy A. (https://www.harvestplus.org).

HarvestPlus. (2019). Pomarańczowy słodki ziemniak z witaminą A. Retrieved from https://www.harvestplus.org

Międzynarodowy Instytut Badawczy Polityki Żywnościowej (IFPRI). (2019). Adopcja i wpływ słodkich ziemniaków o pomarańczowym miąższu w Nigerii. Waszyngton, DC: IFPRI.

Międzynarodowe Centrum Ziemniaka (CIP). (2021). Systemy nasion słodkich ziemniaków i zarządzanie uprawami. CIP Nigeria.

Międzynarodowe Centrum Ziemniaka. (2018). Słodki ziemniak o pomarańczowym miąższu: Wszystko, co kiedykolwiek chciałeś wiedzieć. Retrieved from https://www.cipotato.org.

Islam, S.N., Nusrat, T., Begum, P., & Ahsan, M. (2018). Niedobór witaminy A i czynniki społeczno-ekonomiczne wśród wiejskich dzieci ze szkół podstawowych w Bangladeszu. Food and Nutrition Bulletin, 39(3), 388-396.

Kapinga, R., Ewell, P., Jeremiah, S., & Kileo, R. (1995). Sweetpotato in Tanzania Farming and Food Systems: Implications for Research. International Potato Center (CIP), Lima, Peru.

Karanja, D.D., Tschirley, D.L., & Muiruri, R.S. (2017). Rola słodkich ziemniaków w poprawie bezpieczeństwa żywnościowego i dochodów wśród drobnych rolników w Kenii. Journal of Agricultural Economics and Rural Development, 4(2), 117-126.

Low, J.W., Arimond, M., Osman, N., Cunguara, B., Zano, F., &Tschirley, D. (2020). Zapewnienie podaży i tworzenie popytu na biofortyfikowane uprawy z widoczną cechą: Wnioski wyciągnięte z wprowadzenia słodkich ziemniaków o pomarańczowym miąższu na obszarach Mozambiku podatnych na suszę. Biuletyn żywności i żywienia, 28 (3), 258-270.

Low, J. W., Ball, A.-M., Nemec, L., Arimond, M., & Eide, W. (2017). The introduction of biofortyfikowane zboża i ich wkład w zmniejszanie niedoboru witaminy A: Lekcje wnioski i potencjał na przyszłość. Food and Nutrition Bulletin, 38(1), 109-124.

Low, J. W., Ball, A.-M., Nemec, L., Arimond, M., & Eide, W. (2020). The introduction of biofortyfikowane zboża i ich wkład w zmniejszanie niedoboru witaminy A: Lekcje wnioski i potencjał na przyszłość. Food and Nutrition Bulletin, 38(1), 109-124.

Low, J., Lynam, J., & Lemaga, B. (2007). Sweetpotato in Sub-Saharan Africa. In: The Sweetpotato, Springer.

Low, J., Mwanga, R. O. M., Andrade, M., Carey, E., & Ball, A.-M. (2017). A Food-Based Approach Introducing Orange-Fleshed Sweet Potatoes to Combat Vitamin A Deficiency in Sub-Saharan Africa. Food and Nutrition Bulletin, 30(4), 317-325.

Low, J.W., & Van Jaarsveld, P.J. (2008). The potential contribution of bread buns fortified with OFSP flour to vitamin A requirements of primary school children in South Africa. International Journal of Food Sciences and Nutrition, 59(1), 39-47.

Maziya-Dixon, B., Alamu, E. O., & Nwuneli, N. (2018). Akceptowalność konsumencka i ekonomiczna wykonalność włączenia puree ze słodkich ziemniaków o pomarańczowym miąższu do produktów na bazie pszenicy w Nigerii. African Journal of Food Science, 12(5), 124-132.

Mbabazi, G. (2020). Wykorzystanie platform cyfrowych do marketingu słodkich ziemniaków o pomarańczowym miąższu w Afryce Wschodniej. Journal of Agribusiness Innovation. DOI:10.1093/abij2020.v30.014.

Musyoka, M.W., et al. (2021). Przetwarzanie i wykorzystanie słodkich ziemniaków o pomarańczowym miąższu w Afryce Subsaharyjskiej: Możliwości zaradzenia niedoborowi witaminy A. Food Reviews International. DOI:10.1080/87559129.2021.1896937

Muzhingi, T., Langyintuo, A., Malaba, L., &Banziger, M. (2016). Akceptowalność przez konsumentów produktów z żółtej kukurydzy w Zimbabwe. Food Policy, 33(4), 352-361.

Mwanga, R. O. M., Odongo, B., Niringiye, C., Kapinga, R., &Tumwegamire, S. (2017). Hodowla i genomika słodkich ziemniaków: Postępy, wyzwania i perspektywy przyszłej poprawy Sweetpotato w Afryce Subsaharyjskiej. Crop Science, 55 (5), 2106-2123.

Nabubuya, A., Namutebi, A., Muyonga, J.H., &Byraruhanga, Y.B. (2019). Przetwarzanie Sweetpotato o pomarańczowym miąższu na puree do produkcji chleba: Sprzęt i względy żywieniowe. Biuletyn żywności i żywienia. DOI:10.1177/0379572119847777.

Namanda, S., Gibson, R.W. & Sindi, K. (2018). Strategie marketingowe dla słodkich ziemniaków o pomarańczowym miąższu: Studium przypadku w Kenii. International Journal of Food Marketing. DOI:10.1016/j.ifm.2018.02.005.

Narodowa Komisja Ludnościowa (NPC). Krajowe badanie demograficzne dotyczące zdrowia, 2018 Krajowa Komisja Planowania. (2016). Narodowa Polityka Żywności i Żywienia w Nigerii (20162025). Narodowa Komisja Planowania.

National Root Crops Research Institute (NRCRI) (2017). Rola NRCRI w zwiększaniu produkcji słodkich ziemniaków w Nigerii.

Krajowy Instytut Badawczy Roślin Korzeniowych (NRCRI) (2020). Raport roczny 2020. National Root Crops Research Institute, Umudike, Nigeria.

Nuwamanya, E., Baguma, Y., Wembabazi, E., & Rubaihayo, P. (2011). A comparative study of the physicochemical properties of starches from root, tuber and cereal crops. African Journal of Biotechnology, 10(56), 12018-12030.

Okello, J.J., De Groote, H., & Mausch, K. (2019). Partnerstwa publiczno-prywatne na rzecz promowania łańcuchów wartości słodkich ziemniaków o pomarańczowym miąższu: Studium przypadku w Nigerii. Międzynarodowy Instytut Badawczy Polityki Żywnościowej. DOI:10.2499/ifpri.rp1583.

Rees, D., van Oirschot, Q., & Amour, R. (2003). Sweet Potato Post-Harvest Assessment: Doświadczenia z Afryki Wschodniej. Natural Resources Institute.

Sanginga, N. (2015). Rośliny okopowe i bulwiaste dla bezpieczeństwa żywnościowego w Afryce Subsaharyjskiej: Zapewnienie niezawodnych dostaw zdrowych, bogatych w składniki odżywcze roślin podstawowych dla ubogich. Organizacja Narodów Zjednoczonych do spraw Wyżywienia i Rolnictwa (FAO).

Tewe, O. O., & Ogunsola, F. (2019). Postępowanie po zbiorach i przetwarzanie słodkich ziemniaków o pomarańczowym miąższu. International Journal of Agricultural Technology and Food Security. DOI:10.5958/0976-055X.2019.00115.7

Tomlins, K., Manful, J., Larwer, P., & Hammond, L. (2007). Sweetpotato utilization in the bread industry in Ghana. African Journal of Food Agriculture Nutrition and Development, 7(1), 1-15.

Tomlins, K., Ndunguru, G., Stambul, K., Joshua, N., Ngendello, T., & Rwiza, E. (2019). Szanse i wyzwania w rozwoju przedsiębiorstw przetwórstwa słodkich ziemniaków w Tanzanii. African Journal of Food, Agriculture, Nutrition and Development, 19(3), 14707-14723.

Truong, V.-D., Avula, R.Y., Pecota, K.V., & Yencho, G.C. (2018). Puree i proszek ze słodkich ziemniaków do produkcji funkcjonalnych składników żywności. W Sweetpotato: Chemistry, Processing, and Nutrition (s. 395-428). Elsevier.

Tumwegamire, S., Namutebi, A., & Byaruhanga, Y.B. (2017). Dywersyfikacja produktów dla słodkich ziemniaków o pomarańczowym miąższu: Strategiczne podejście marketingowe. Journal of Food Processing. DOI:10.1002/jfp.1685

Tumwegamire, S., Namutebi, A., & Ndagire, D. (2018). Wartość dodana słodkich ziemniaków o pomarańczowym miąższu dzięki technologii gotowania ekstruzyjnego. Journal of Food Engineering.

DOI:10.1016/j.jfoodeng.2018.07.020.

Tumwegamire, S., Kapinga, R., Zhang, D., Crissman, C., & Lemaga, B. (2011). Opportunities for Promoting Orange-Fleshed Sweet Potatoes as a Mechanism for Combatting Vitamin A Deficiency in Sub-Saharan Africa. African Journal of Food, Agriculture, Nutrition and Development.

UNICEF. (2018). Suplementacja witaminy A: Dekada postępów. Retrieved from https://www.unicef.org

Woolfe, J.A. (1992). *Słodki ziemniak: An Untapped Food Resource.* Cambridge University Press

Światowa Organizacja Zdrowia, (2012). Guideline: Suplementacja witaminy A u niemowląt i dzieci w wieku 6-59 miesięcy.

Ziska, L.H., Runion, G.B., Tomecek, M., Prior, S.A., Torbet, H.A., Sicher, R.C., & Fangmeier, A. (2009). Sweetpotato (Ipomoea batatas L.) and CO2: Implikacje dla żywienia i bezpieczeństwa żywnościowego w zmieniającym się środowisku globalnym. Acta Horticulturae, 857, 405-410.